INSTRUCTION

SUR LA

RÈGLE À CALCUL ORDINAIRE

Instruction

SUR LA

RÈGLE A CALCUL ORDINAIRE

PAR

A. VINCENT

DIRECTEUR DE L'ÉCOLE PRATIQUE D'INDUSTRIE DE RIVE-DE-CIER

TROISIÈME ÉDITION REVUE, ET CORRIGÉE
Et augmentée d'un chapitre sur la RÈGLE MANNHEIM

PARIS
LIBRAIRIE CLASSIQUE FERNAND NATHAN
16, RUE DES FOSSÉS-SAINT-JACQUES, 16
(Place du Panthéon, V^e)

1919

PRÉFACE

Le petit opuscule que nous présentons aujourd'hui au public et au personnel des Ecoles professionnelles est la reproduction du cours que j'ai fait depuis 1899 aux élèves de 3e année de l'Ecole pratique d'Industrie de Saint-Didier-la-Séauve d'abord, puis ensuite à ceux de l'École pratique de Rive-de-Gier. C'est dire qu'il s'adresse surtout aux élèves des Ecoles pratiques.

Mais la clarté que je me suis efforcé d'introduire dans le texte, les nombreux exemples dont j'ai fait suivre chaque sujet traité, le développement que j'ai donné à l'important chapitre des *Diviseurs*, permettront, je l'espère, à *tout employé*, à *tout ouvrier* ayant une instruction élémentaire, de comprendre la manipulation de ce merveilleux instrument qu'est la **Règle à Calcul**, et d'en faire application dans les choses de sa profession.

Loin de moi la pensée d'avoir en rien *innové*, et de présenter un travail absolument *nouveau* : je reconnais, au contraire, avoir fait maints emprunts, particulièrement au cours de M. Rollet, professeur à l'Ecole d'Arts et Métiers de Châlons, auquel je rends ici un hommage bien mérité. En publiant cet ouvrage, je n'ai eu d'autre prétention que celle-ci : *faire connaître la Règle à Calcul, et vulgariser son emploi.*

A. V.,

Rive-de-Gier, septembre 1906.

INSTRUCTION

SUR LA

RÈGLE A CALCUL ORDINAIRE

NOTIONS PRÉLIMINAIRES

La **Règle à Calcul** n'est autre chose qu'une *table de logarithmes* sous la forme la plus simple et la plus commode, et c'est **Neper**, l'inventeur des logarithmes, qui, le premier, eut l'idée de sa construction (1614). Elle fut exécutée et rendue pratique par Gunther vers 1624. Cet instrument a été perfectionné depuis à diverses reprises, et, bien que les résultats qu'il permet d'obtenir ne soient qu'approximatifs, avec un peu d'habitude, on arrive à en faire presque un instrument de précision.

Il existe des règles de formes et de dispositions diverses : nous décrirons d'abord la *Règle à Calcul ordinaire*, et consacrerons ensuite un dernier chapitre à une étude comparée de la *Règle Mannheim*.

La Règle à Calcul ordinaire se compose d'une *règle principale* portant une rainure dans laquelle peut glisser une *réglette* ou *tiroir;* sa longueur est de 26 centimètres [1].

[1] C'est la longueur qu'a généralement la Règle à Calcul, mais il s'en fait de plus petites et de plus grandes. L'approximation obtenue dans les calculs varie, d'ailleurs, avec la longueur de l'instrument.

Les tranches de la *règle principale* sont graduées en centimètres et millimètres ; d'un côté, sur le biseau, 25 centimètres et deux « blancs » de 1/2 centimètre ; de l'autre, 26 centimètres. Cette dernière graduation est continuée par celle qui se trouve dans le fond de la rainure, et qui apparaît à mesure que l'on fait avancer le tiroir vers la droite. Quand ce dernier n'est plus qu'engagé de 2 centimètres dans la rainure, l'instrument ainsi déployé a une longueur de 50 centimètres.

CHAPITRE I

LECTURE DES NOMBRES

Enlevons le tiroir, et considérons d'abord la règle principale; elle porte deux graduations : une *graduation supérieure*, dont nous allons nous occuper, et une *graduation inférieure*, dont nous verrons plus tard l'emploi.

La graduation supérieure, plus communément désignée sous le nom de règle, comprend *deux parties identiques* portant des divisions numérotées de **1** à **10**. Toutes deux sont désignées sous le nom d'*échelles de la règle :* la première, à gauche, porte le nom d'*échelle gauche* ou *première échelle;* la deuxième, à droite, celui d'*échelle droite* ou *deuxième échelle.*

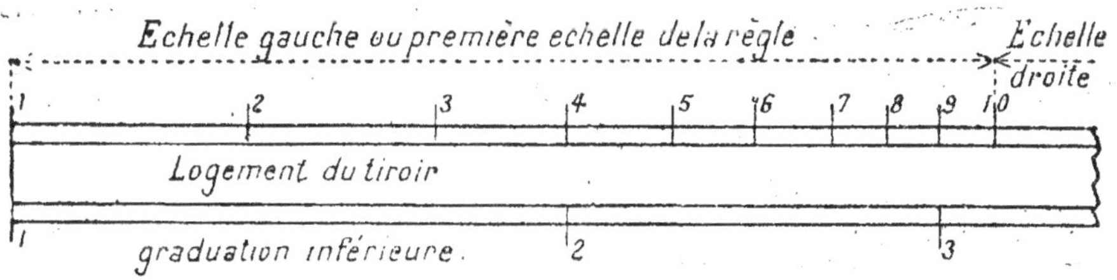

Fig. 1.

Une seule des deux échelles permet de lire tous les nombres.

Dans chaque échelle, les traits numérotés indiquent

toujours les plus hautes unités du nombre que l'on veut lire; ainsi, par exemple :

dans la lecture du nombre 37, le trait 3 indiquera des dizaines;
— — 385 — » — des centaines;
— — 3,9 — » — des unités;
— — 0,031 — » — des centièmes.

Les traits numérotés peuvent donc indiquer, soit les nombres **1**, **2**, **3**, ..., **8**, **9**, soit **leurs multiples ou sous-multiples décimaux**. Ainsi, le trait **4** indiquera l'un des nombres **400**, **40**, **4**, **0,4**, **0,04**, etc...., suivant le nombre que l'on a à lire, et la convention qu'on est amené à faire pour chaque lecture.

Les divisions de second ordre déterminent les *dixièmes* des intervalles numérotés; par exemple, si l'intervalle **2-3** répond à **20-30**, nous pourrons lire **21**, **22**, **23**, ..., **28**, **29**, **30**.

Les régions de **1** à **2** et de **2** à **5** contiennent des subdivisions de 3ᵉ ordre : dans la région **1-2**, chaque subdivision du 3ᵉ ordre représente le $\frac{1}{5}$ d'une division du 2ᵉ ordre, et, comme on peut en évaluer à vue la moitié, on pourra obtenir le $\frac{1}{10}$ des divisions du 1ᵉʳ ordre. On pourra donc, dans la région **1-2**, lire un nombre avec trois chiffres exacts. Dans la région **2-5**, les subdivisions de 3ᵉ ordre donnent le $\frac{1}{2}$ ou $\frac{5}{10}$ des divisions du 2ᵉ ordre; on peut bien, à vue, en évaluer approximativement

$\frac{1}{5}, \frac{2}{5}, \ldots, \frac{4}{5}$, et y lire un nombre de trois chiffres, mais l'exactitude du dernier chiffre sera douteuse. Au delà de la division **5**, on peut évaluer à vue une demi-division du 2e ordre, et un nombre de trois chiffres y pourra être lu avec une approximation de **5** unités.

Exemples: Lire les nombres	**124, 157**	(région 1-2)
	225, 377,5	(— 2-5)
	550, 685, 815	(— 5-10)

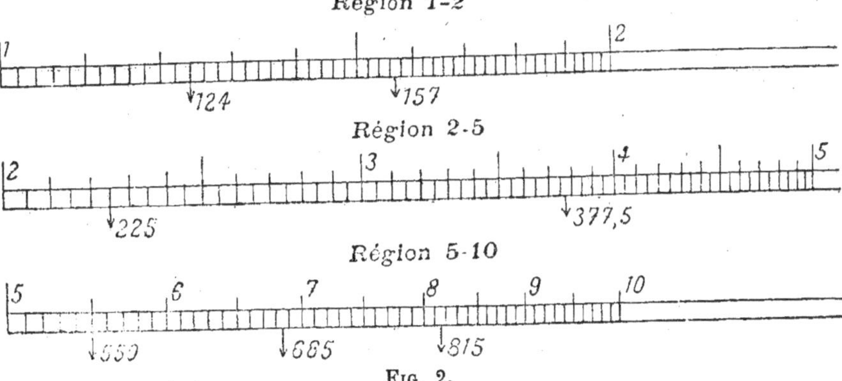

Fig. 2.

La graduation de la *règle* est reproduite exactement sur le haut et le bas du tiroir, et les nombres s'y lisent comme sur la règle elle-même.

Les **1** à gauche du tiroir et de la règle, ainsi que leurs **10**, sont très souvent désignés sous le nom d'indicateurs; les **1** prennent le nom d'indicateurs gauches; les **10** du milieu, celui d'indicateurs médians; les **10** de droite, celui d'indicateurs droits.

Pour s'exercer à la lecture des nombres sur la règle, il

est avantageux d'amener *au-dessous* du nombre qu'on veut lire l'indicateur gauche du tiroir ; pour lire sur le tiroir, d'amener le nombre lui-même au-dessous d'un des indicateurs médian ou droit de la règle : on facilite ainsi la lecture, et on rend possible le contrôle.

Remarque importante. — Nous avons jusqu'ici considéré les nombres comme représentés par un trait sur les diverses échelles ; en réalité, chaque nombre y est représenté par la *distance* de l'indicateur gauche ou médian au trait désignant ce nombre, et cette distance est appelée la **longueur représentative** du nombre. Ainsi le nombre **30** sera représenté par la distance **1-30** ; le nombre **58**, par la distance **1-58.**

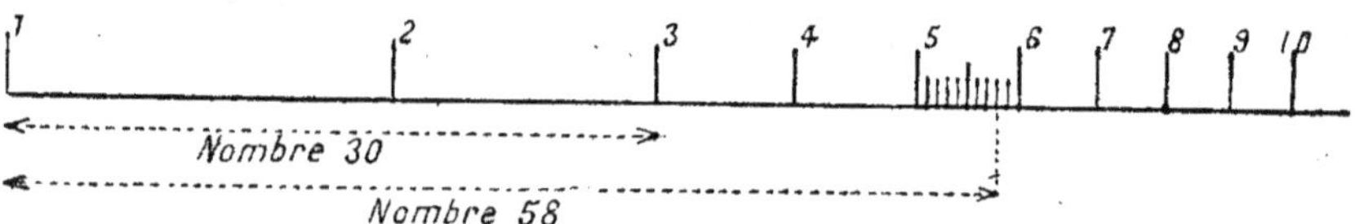

Fig. 3.

A cause de cela, les indicateurs **1** sont souvent désignés sous le nom d' « origine ».

CHAPITRE II

OPÉRATIONS ARITHMÉTIQUES

Les opérations qui s'effectuent sur la Règle à Calcul sont au nombre de quatre :

1° **Multiplication ;**

2° **Division ;**

3° **Elévation aux puissances ;**

4° **Extraction des racines.**

Les deux premières font l'objet du présent chapitre ; les deux dernières seront traitées au chapitre IV.

MULTIPLICATION

Sur les diverses échelles de la Règle à Calcul, les nombres sont représentés par des *longueurs telles que la somme des longueurs représentatives de deux nombres quelconques donne la longueur représentative du produit de ces nombres.* Ces longueurs, en effet, sont proportionnelles aux mantisses des logarithmes des nombres. Ainsi, de même que le logarithme de **1** est **0**, sa longueur représentative est nulle ; de même que le logarithme d'un produit de facteurs est égal à la somme des logarithmes des facteurs, la longueur représentative d'un produit s'obtient en faisant la somme des longueurs représentatives des facteurs.

Ainsi, nous pourrions, avec un compas, trouver par exemple le produit de **24** par **27**. En ajoutant à partir de **24** la longueur représentative de **27**, on trouve le produit **648**.

Pour faire le produit de deux nombres, il suffit donc de faire la **somme des longueurs représentatives** de ces nombres. Pour cela, on fait glisser le tiroir vers la droite de manière que son **1** gauche vienne se placer sous le multiplicande lu sur la règle. Le produit se lit alors sur la règle au-dessus du multiplicateur lu sur le tiroir.

1er *Exemple :* Multiplier **3** par **2**. Réponse : **6**.

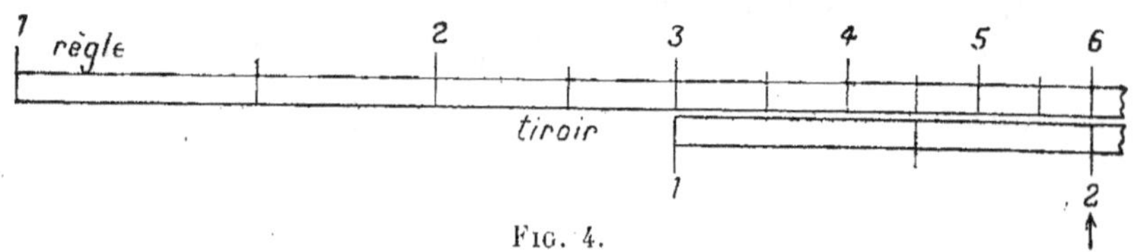

Fig. 4.

2e *Exemple :* Multiplier **45** × **25**. Réponse : **1125**.

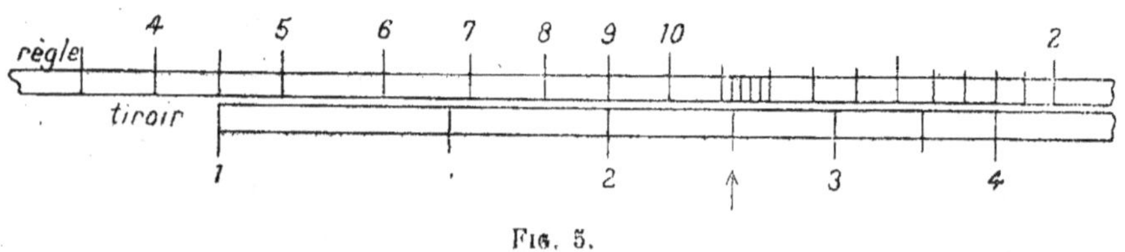

Fig. 5.

Remarque I. — On peut assurer le dernier chiffre du produit en observant qu'il est donné par le produit (effectué mentalement) des derniers chiffres des facteurs.

1er *Exemple :* **54** × **12**.

Le produit **4** × **2** des derniers chiffres est **8**; le dernier chiffre sera **8**. Réponse : **648**.

2e *Exemple :* **67** × **16**.

Le produit **7** × **6** des derniers chiffres est **42**; le dernier chiffre sera **2**. Réponse : **1072**.

Les derniers chiffres, **8** et **2**, pourraient être *incertains* par la seule lecture sur la règle.

Remarque II. — Pour faciliter la lecture du produit, il est avantageux de prendre pour multiplicande celui des deux facteurs dont la lecture est *la plus difficile*. Ainsi, si l'on avait à effectuer le produit **27** × **18,3**, il serait préférable d'effectuer **18,3** × **27**.

Nombre de chiffres du produit. — Pour déterminer le nombre de chiffres du produit, rappelons que, dans une multiplication, le nombre de chiffres du produit est égal à la somme des chiffres des facteurs, ou à cette somme diminuée d'une unité. Chaque fois que le produit se trouvera sur la 1re échelle de la règle, le nombre de chiffres du produit sera égal à la somme des chiffres des facteurs diminuée d'une unité.

Exemple : **27** × **36** = **972** (nombre de chiffres moins 1).

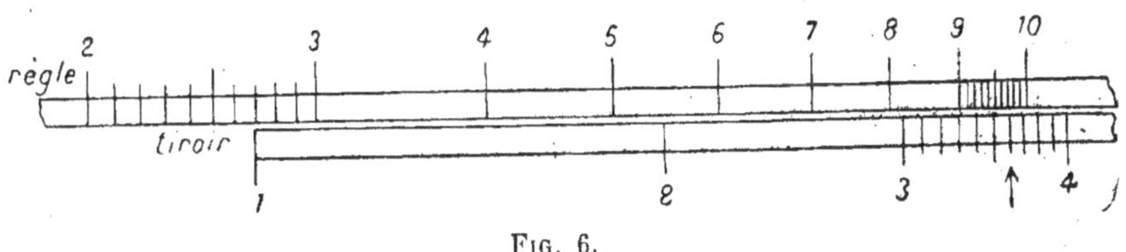

Fig. 6.

Chaque fois que le produit sera lu dans la 2e échelle, le

produit aura un nombre de chiffres égal à la somme des chiffres des facteurs (1).

Exemple : **27 × 64 = 1728** (nombre de chiffres des facteurs).

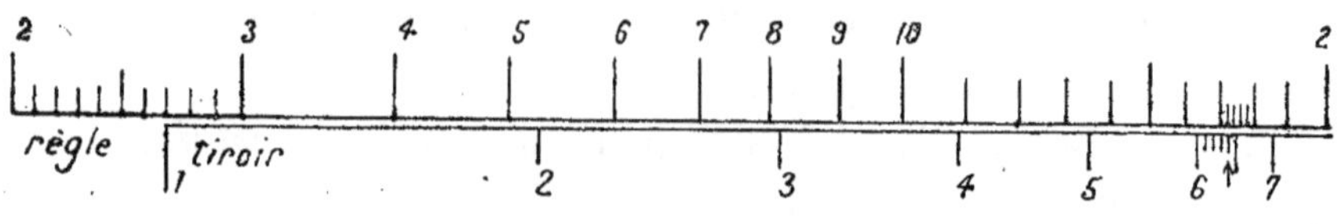

Fig. 7.

Produit de nombres décimaux. — On opère comme sur des nombres entiers sans tenir compte de la virgule, puis on place celle-ci au produit comme il est indiqué en arithmétique.

Soit : **37,5 × 0,042,**

375 × 42 donne sur la règle **15750**;

le produit est donc : **1,575.**

Remarque importante. — Dans la pratique, on ne s'occupe guère du nombre de chiffres du produit, car les

(1) En effet, si les longueurs, en s'ajoutant, ne forment pas la longueur 1-10, ou la 1/2 règle, c'est que les mantisses ne donnent pas par addition de retenue à ajouter aux caractéristiques. La caractéristique du logarithme du produit est donc égale à la somme des caractéristiques des logarithmes des facteurs.

Si **N** et **N'** sont les nombres de chiffres des facteurs, les caractéristiques de leurs logarithmes seront **(N — 1)** et **(N' — 1)**, et la somme des caractéristiques sera :

$$N - 1 + N' - 1 = N + N' - 2.$$

Le nombre de chiffres du produit sera donc :

$$(N + N' - 2) + 1 = N + N' - 1.$$

Si le produit est dans la 2e portion de la règle, c'est que les mantisses donnent par addition une retenue à ajouter à la somme des caractéristiques. La caractéristique du produit est alors égale à **(N + N' — 1)** et le nombre des chiffres est égal à :

$$(N + N' - 1) + 1 = N + N'.$$

questions résolues sur la Règle à Calcul étant familières à celui qui les résoud, l'opérateur ne saurait avoir de doute sur la place de la virgule. En effet, une erreur rendrait le résultat **10** fois trop grand ou trop petit, et cette erreur au décuple lui sauterait aux yeux.

Ainsi, un marchand d'étoffes qui calculerait le prix de vente de **17** mètres de toile à **0** fr. **85**, lira sans hésiter **14** fr. **45**. Pour lui, comme pour l'acheteur d'ailleurs, **144** fr. **50** ou **1** fr. **44** seraient des résultats ridicules.

Un menuisier qui calculerait la surface d'une planche de **3**^{m},**60** de longueur sur **0**^{m},**32** de largeur, lira également sans hésiter **1**^{m2},**15**.

Cette remarque s'applique à toutes les opérations sur la Règle à Calcul.

Multiplications successives. — Il suffit de multiplier le produit des deux premiers facteurs par le 3e, le produit obtenu par le 4e..., etc. Ces multiplications répétées se présentent assez rarement, et l'emploi des diviseurs (Voir chap. VI) permettra le plus souvent de les éviter.

DIVISION

La manipulation est inverse de celle pratiquée pour l'opération précédente; car, si on considère le dividende comme le produit du diviseur par le quotient, *la longueur représentative du dividende est égale à la somme des longueurs représentatives du diviseur et du quotient.* Si donc on retranche de la longueur représentative du dividende la longueur représentative du diviseur, il restera la longueur représentative du quotient.

Comme dans la multiplication, nous pourrions, avec

un compas, trouver, par exemple, le quotient de **714** par **42**, en *retranchant*, à partir de **714**, la longueur représentative de **42**. Ce quotient est **17**.

Pour effectuer une division, on lit le dividende sur la règle, dans l'échelle gauche, si le premier chiffre du dividende est plus grand que le premier du diviseur; dans l'échelle droite, si le premier chiffre du dividende est plus petit que le premier du diviseur et on place au-dessous le diviseur, lu sur l'échelle gauche du tiroir; le quotient se lit sur la règle au-dessus d'un des indicateurs **1** ou **10** du tiroir.

1er *Exemple :* **15 : 3 = 5.**

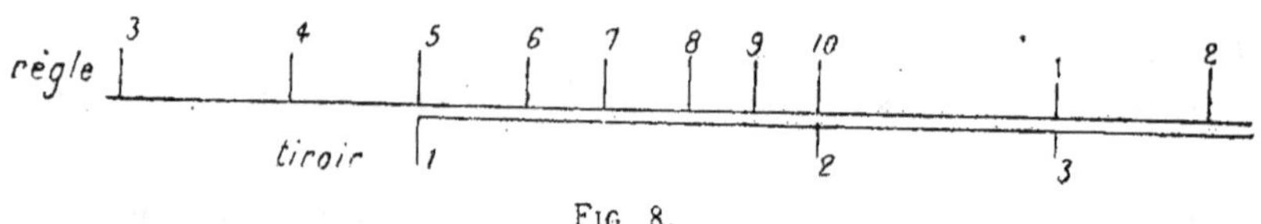

Fig 8.

2e *Exemple :* **72 : 6 = 12.**

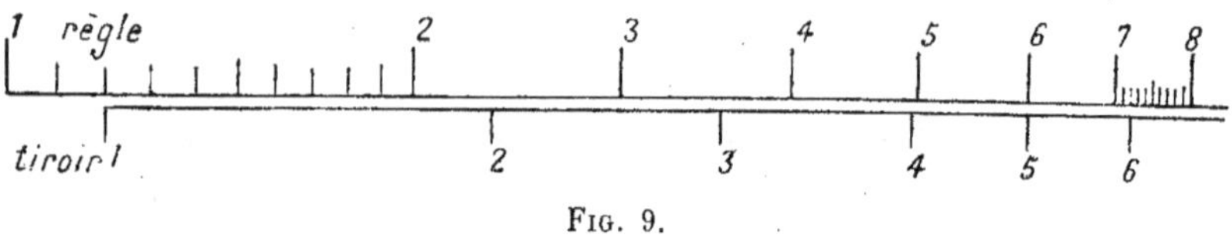

Fig. 9.

Remarque importante. — Dans le cas où l'on a plusieurs nombres à diviser par le même diviseur, au lieu de retrancher la longueur représentative du diviseur de celle du dividende à partir de la droite, *on la retranche à partir de la gauche.* Pour cela, on place l'indicateur **1** gauche du tiroir au-dessous du diviseur lu sur la règle.

Les quotients divers sont lus sur le tiroir au-dessous des dividendes lus sur la règle.

Exemples : Diviser **6, 9, 15, 21** par **3.**

Réponses : **2, 3, 5, 7.**

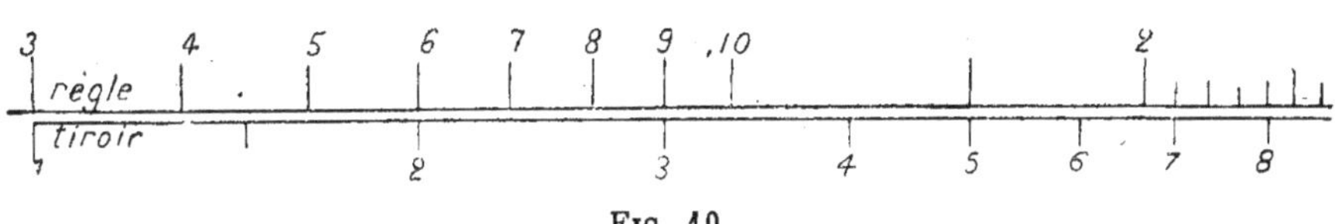

FIG. 10.

Nombre de chiffres du quotient. — Si le quotient et le dividende sont dans deux échelles différentes de la règle, le nombre de chiffres entiers du quotient s'obtient en *retranchant* le nombre de chiffres entiers du diviseur du nombre de chiffres entiers du dividende ; si le dividende et le quotient sont dans une même échelle **1-10,** il faut *augmenter cette différence d'une unité.*

Exemples : { **635 : 82 = 7,75** ; **635 : 42 = 15,1.**

Cette règle résulte de la multiplication, le dividende étant le produit du diviseur par le quotient. Mais on peut dire aussi plus simplement : si le premier chiffre à gauche est plus grand dans le dividende que dans le diviseur, il y a lieu de *prendre la différence plus* 1 ; dans le cas contraire, seulement la *différence.* Si le ou les premiers chiffres sont égaux, on considère les suivants :

Exemples :
456 : 19 = 24 (différence + **1**) ;
456 : 67 = 6,8 (différence seulement) ;
4560 : 451 = 10,2 (différence + **1**) ;
4560 : 458 = 9,9 (différence seulement)

Si on trouve **0** pour différence, le chiffre des unités est **0**, le premier chiffre significatif suivant immédiatement la virgule.

Exemple : **4 : 5 = 0,8.**

Si la différence est négative, le quotient est décimal, et la différence indique le nombre de zéros entre la virgule et le premier chiffre significatif.

Exemple : **5 : 64 = 0,0782.**

Remarque. — Dans la pratique, au lieu de faire application de cette règle, on s'en tient à la remarque de la page 14.

Exemple : La longueur d'une circonférence est **2^{m},580.** *Quelle est la longueur d'un degré?*

En effectuant $\frac{258}{360}$, on lira sans hésiter **7** millimètres, car **7** centimètres ou **0^{mm},7** seraient des réponses dérisoires.

CHAPITRE III

FRACTIONS. — RAPPORTS. — PROPORTIONS

Les fractions formées en prenant pour numérateur un nombre lu sur la règle, et pour dénominateur le nombre correspondant sur le tiroir, *ont toutes même valeur pour une même position du tiroir*, car leurs termes, ayant même différence de longueur représentative, ont même quotient; elles forment donc une suite de rapports égaux.

Exemple : $\frac{3}{4} = \frac{4,5}{6} = \frac{9}{12} = \frac{15}{20}$, etc...

Cette propriété importante a des applications multiples; elle permet :

a. **De trouver une quatrième proportionnelle à trois nombres donnés et, par conséquent, de résoudre une règle de trois quelconque.**

Ainsi, soit à trouver une quatrième proportionnelle aux trois nombres **7, 12** *et* **21**.

On a :

$$\frac{7}{12} = \frac{21}{x}.$$

Formons, comme l'indique la figure, la fraction $\frac{7}{12}$,

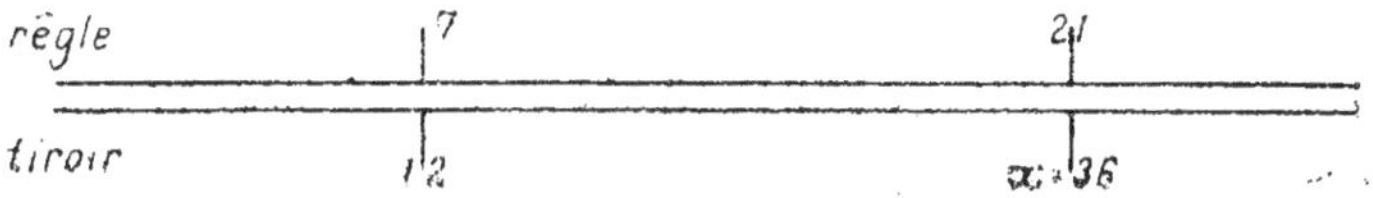

règle 7 21
tiroir 12 x=36

Fig. 11.

et, au-dessous du **21** de la règle, nous lirons sur le tiroir : **36**.

Comme application, soit à résoudre les deux problèmes suivants :

1° *Un train a franchi* **20** *kilomètres en* **18** *minutes, quelle est sa vitesse à l'heure?*

Les espaces parcourus étant directement proportionnels aux temps mis à les parcourir, on a :

$$\frac{18}{60} = \frac{20}{x}.$$

Formons, comme l'indique la figure, la fraction $\frac{18}{60}$,

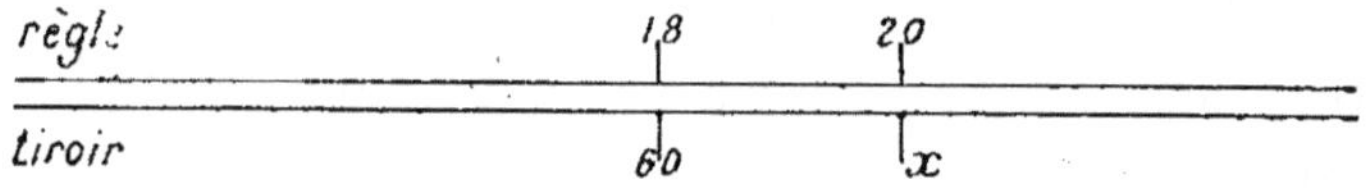

règle 18 20

tiroir 60 x

Fig. 12

et, au-dessous de **20** sur la règle, nous lirons sur le tiroir : **66**^{km},**6**.

2° *Pour exécuter un travail en* **18** *jours,* **20** *ouvriers seraient nécessaires. A combien pourra-t-on réduire le nombre d'ouvriers, si on leur accorde* **60** *jours pour faire le travail?*

Les nombres d'ouvriers sont *inversement* proportionnels aux temps, et l'on a :

$$\frac{18}{60} = \frac{x}{20}.$$

Formons, comme l'indique la figure, la fraction $\frac{18}{60}$,

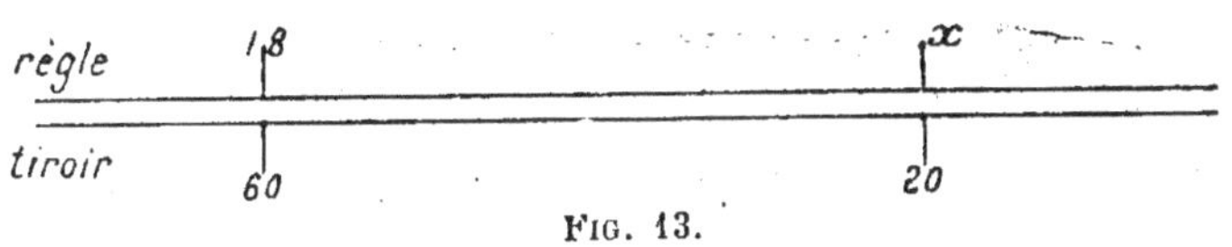

Fig. 13.

et, au-dessus de **20** sur le tiroir, nous lirons sur la règle la réponse : **6** ouvriers.

Remarque importante. — Lorsque deux grandeurs sont *directement proportionnelles*, le quotient des valeurs correspondantes de ces grandeurs est constant. On peut donc écrire, pour résoudre le premier problème :

$$\frac{18}{20} = \frac{60}{x},$$

et la valeur de **x** s'obtient sans plus de difficulté ;

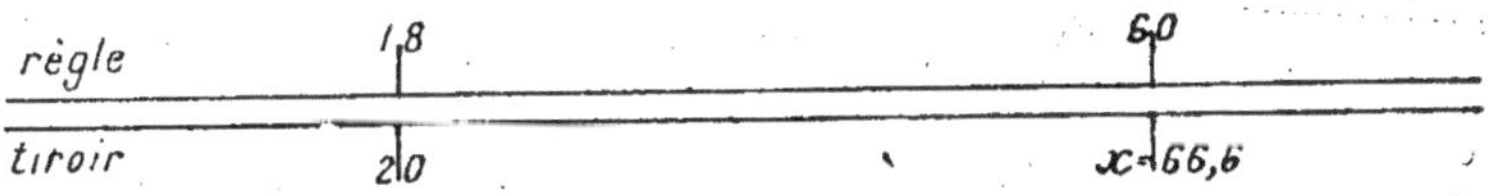

règle 18 60
tiroir 20 x = 66,6

Fig. 14.

on est même naturellement porté à procéder ainsi. Mais il ne faut pas oublier que ce mode d'opérer ne peut être employé lorsqu'il s'agit de grandeurs *inversement proportionnelles*, et que, dans ce dernier cas, *il faut toujours former le quotient des valeurs connues de la même grandeur.*

Ainsi, dans le deuxième problème, nous avons formé

le quotient $\frac{18}{60}$ des deux valeurs connues, **18** et **60**, de la grandeur jours.

b. **De calculer, sans déplacement du tiroir, les prix de vente d'articles divers dont on connaît le prix d'achat et le bénéfice pour 100.**

Exemple : Soit à marquer, avec **25** 0/0 *de bénéfice sur le prix d'achat, des étoffes coûtant* **2** *fr.* **40**, **3** *fr.* **50**, **5** *francs*, **6** *fr.* **25**, **8** *francs, etc., le mètre.*

Ce qui s'achète **100** francs se vend **125** ; donc :

$$\frac{100}{125} = \frac{2,40}{x} = \frac{3,50}{x'} = \frac{5}{x''}, \ldots, \text{etc.}$$

On forme, comme l'indique la figure, la fraction $\frac{100}{125}$;

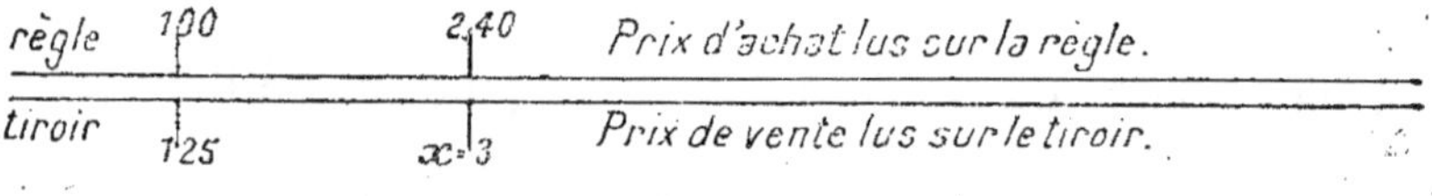

règle 100 2,40 *Prix d'achat lus sur la règle.*

tiroir 125 x=3 *Prix de vente lus sur le tiroir.*

Fig. 15.

on lit ensuite les prix de vente sur le tiroir, au-dessous des prix d'achat lus sur la règle, et on trouve :

$$\frac{100}{125} = \frac{2,40}{3} = \frac{3,50}{4,38} = \frac{5}{6,25}, \ldots, \text{etc.}$$

c. **D'effectuer un partage proportionnel.**

Exemple : Trois associés font un bénéfice de **15.000** *francs. Cette somme doit être répartie entre eux proportionnellement à leurs mises, qui sont* **6.000** *francs*, **4.500** *francs*, **2.400** *francs. On demande la part de chacun d'eux.*

L'apport total est 6.000 + 4.500 + 2.400 = 12.900, et l'on a :

$$\frac{15000}{12900} = \frac{x}{6000} = \frac{y}{4500} = \frac{z}{2400}.$$

On forme, comme l'indique la figure, la fraction $\frac{15.000}{12.900}$,

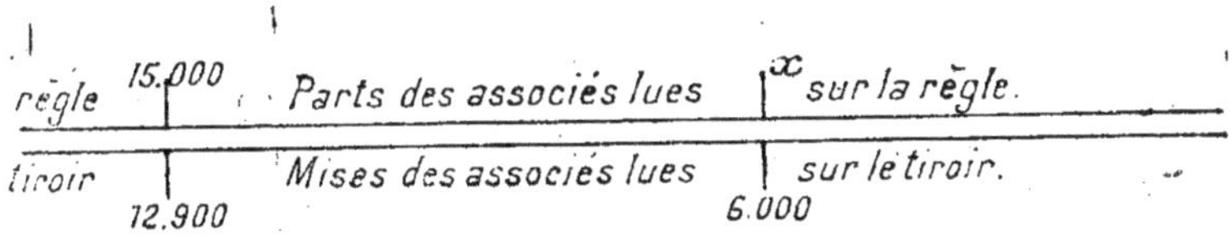

règle	15.000	Parts des associés lues	x sur la règle.
tiroir	12.900	Mises des associés lues	6.000 sur le tiroir.

FIG. 16.

et l'on trouve :

x, part du 1[er] = 6975 fr.
y, — du 2[e] = 5245 fr. TOTAL.... 15.000 fr.
et z, — du 3[e] = 2780 fr.

d. **De calculer le poids à prendre de matière première pour obtenir, finie, une pièce de poids déterminé.**

Exemple : Un forgeron doit exécuter une pièce qui pèsera, finie, 17^{kg},500. *Le déchet, à la forge, étant évalué à* 9 0/0, *quel poids de fer doit-il prendre ?*

Pour 91 kilogrammes de matière ouvrée, il faut 100 kilogrammes de matière brute ; on aura donc :

$$\frac{91}{100} = \frac{17,5}{x},$$

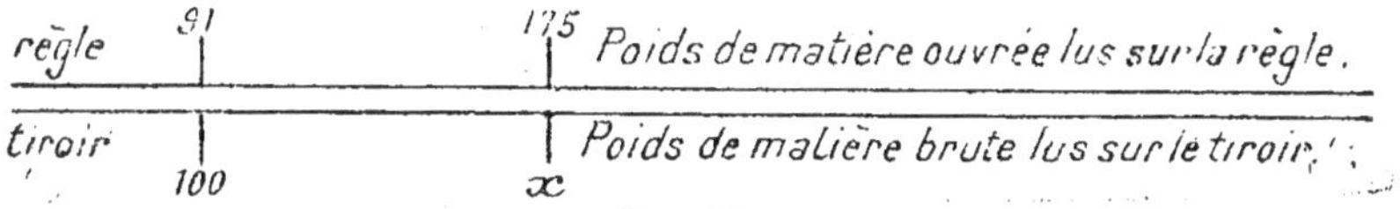

règle	91	17,5 Poids de matière ouvrée lus sur la règle.
tiroir	100	x Poids de matière brute lus sur le tiroir.

FIG. 17.

et l'on trouve : $x = 19^{kg},200$.

e. De trouver les cotes nouvelles d'un dessin à reproduire à une échelle donnée.

Si l'on veut, par exemple, réduire un dessin aux $\frac{3}{5}$, on forme, comme l'indique la figure, la fraction $\frac{3}{5}$, et, au-dessus des cotes du dessin, lues sur le tiroir, on lira les cotes nouvelles à l'échelle adoptée.

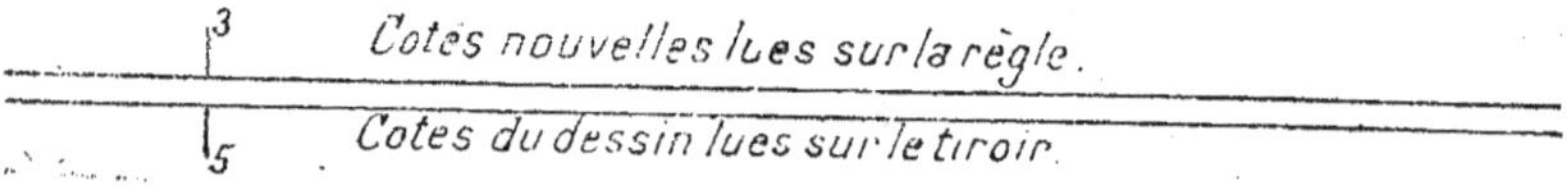

3 Cotes nouvelles lues sur la règle.

5 Cotes du dessin lues sur le tiroir.

Fig. 18.

f. De trouver le système de roues capable de produire, sur un tour à fileter, un filet de pas déterminé.

1er *Exemple : On veut faire un filet de* **7** *millimètres, la vis-mère ayant un pas de* **8** *millimètres. Quel système pe roues devra-t-on employer?*

Appliquons la formule :

$$\frac{\text{pas à produire}}{\text{pas de la vis-mère}} = \frac{\text{nombre de dents de la roue menante}}{\text{nombre de dents de la roue menée}},$$

c'est-à-dire dans le cas présent :

$$\frac{7}{8} = \frac{\text{nombre de dents de la roue menante}}{\text{nombre de dents de la roue menée}}.$$

On forme la fraction $\frac{7}{8}$, et les nombres se correspondant sur la règle et le tiroir nous fournissent les fractions égales :

$$\frac{7}{8} = \frac{35}{40} = \frac{70}{80}.$$

Les deux systèmes **35-40** et **70-80** nous donneront le pas demandé.

2e *Exemple : Etant donné qu'on dispose des roues de* **16, 17, 18, 19, 20, 21, 22, 23, 24, 25, 30, 35, ...,** *et de* **5** *en* **5** *jusqu'à* **100** *dents, comment produirait-on un filet de* **2^{mm},7**, *la vis-mère ayant un pas de* **10** *millimètres?*

Nous n'avons pas la roue de **27**. Or, au delà de **25**, les nombres de dents sont les multiples successifs de **5**, et le produit **27 × 5** est supérieur à **100** ; le cas nécessitera donc quatre roues. Nous appliquerons la formule :

$$\frac{\text{pas à produire}}{\text{pas de la vis-mère}} = \frac{\text{produit des nombres de dents des roues menantes}}{\text{produit des nombres de dents des roues menées}}.$$

Formons la fraction $\frac{27}{10}$, et les nombres se correspondant sur la règle et le tiroir nous donnent les fractions égales :

$$\frac{27}{100} = \frac{54}{200} = \frac{135}{500} = \frac{1350}{5000}.$$

Cette dernière fraction a ses termes décomposables en facteurs égaux aux nombres de dents des roues disponibles, car :

$$\frac{1350}{5000} = \frac{30 \times 45}{50 \times 100}.$$

Le système $\frac{30 \times 45}{50 \times 100}$ nous donnera le pas demandé.

Remarque I. — Sur les tours à fileter, le pas de la vis-mère est généralement **10** millimètres.

Lorsque le pas à produire n'est pas un nombre premier, un moyen pratique permet, dans ce cas, de trouver, par une simple manœuvre du tiroir, trois roues qui, avec la roue de **100**, donneront le pas cherché.

Au-dessous du pas à produire, amener un de ses sous-multiples : ce sous-multiple et deux roues se correspondant dans cette position sur la règle et le tiroir seront les trois roues cherchées, le sous-multiple $\times$ **10** et la roue en diagonale avec lui étant les roues menantes [1].

Appliquons ce procédé à l'exemple ci-dessus :

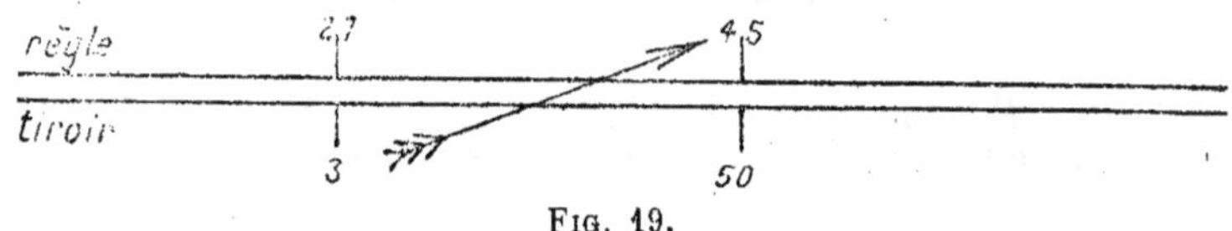

Fig. 19.

Le système $\frac{30 \times 45}{100 \times 50}$ nous donnera le pas de $2^{mm},7$.

En prenant **9** comme sous-multiple, nous trouverions un deuxième système.

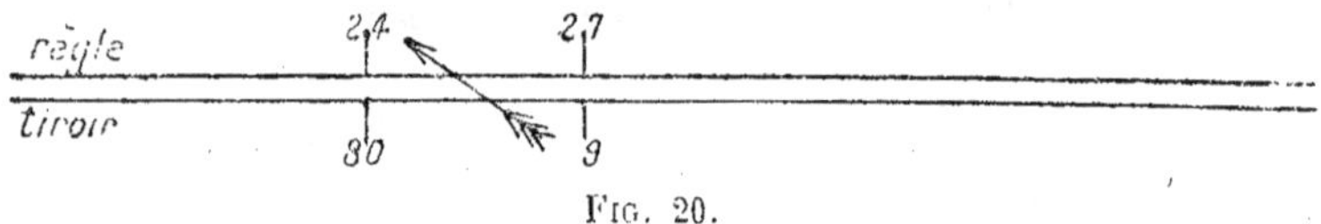

Fig. 20.

Le système $\frac{90 \times 24}{100 \times 80}$ nous donnera également le pas de $2^{mm},7$.

[1] Si le pas à produire était multiple d'un nombre premier $>$ **25** (par exemple $7^{mm},4 = 37 \times 2$), il ne pourrait être obtenu exactement, et l'on ne trouverait pas, d'ailleurs, de roues se correspondant exactement sur la règle et le tiroir. Il faudrait alors se reporter à l'exemple **3**, et en faire application.

3e *Exemple : Soit à produire un pas de* $2^{mm},9$ *sur un tour dont la vis-mère a un pas de* $6^{mm},5$.

Le cas est plus compliqué encore, et, à moins de se procurer la roue de 29 dents, le pas ne peut être obtenu exactement, car 29 est un nombre premier, et le facteur 29 n'est contenu dans aucune des roues dont on dispose.

Mais la Règle à Calcul nous permet de trouver une fraction ayant une valeur très approchée de $\frac{29}{65}$.

En effet, formons la fraction $\frac{29}{65}$, et voyons quels sont les nombres se correspondant *le plus exactement* sur la règle et le tiroir, et susceptibles d'être décomposés en facteurs égaux aux nombres de dents des roues disponibles ; nous trouvons, comme valeur approchée de $\frac{29}{65}$,

$$\frac{245}{550} \text{ ou } \frac{2450}{5500}.$$

Or,

$$\frac{2450}{5500} = \frac{35 \times 70}{55 \times 100}.$$

Nous emploierons le système $\frac{35 \times 70}{55 \times 100}$, et le pas obtenu sera :

$$P = \frac{35 \times 70}{55 \times 100} \times 6{,}5 = 2^{mm},895,$$

valeur très approchée de $2^{mm},9$. L'erreur commise ne sera, en effet, que de 5 millimètres sur 1.000 filets, c'est-à-dire sur une longueur de $2^{m},900$, soit moins de 2 millimètres pour 1 mètre de filet.

Remarque II. — Dans le cas général où la vis-mère a un pas de **10**, un moyen pratique permet de trouver à la Règle trois roues qui, avec la roue de **100**, donneront très approximativement le pas cherché :

1° Au-dessous du pas à produire, amener l'origine du tiroir ;

2° Voir, sur la règle, quelle est la roue qui correspond le plus exactement sur le tiroir avec un nombre entier « quelconque, s'il est plus petit que **25** ; multiple de **5**, s'il est compris entre **25** et **100** ; multiple de **25**, s'il est compris entre **100** et **700** » ;

3° Amener la roue choisie sous le pas, et voir quelles sont les deux autres roues qui se correspondent sur la règle et le tiroir. Les roues menantes seront la première choisie et celle en diagonale avec elle.

Employons ce moyen pour résoudre la question précédente en supposant le pas de la vis-mère égal à **10**.

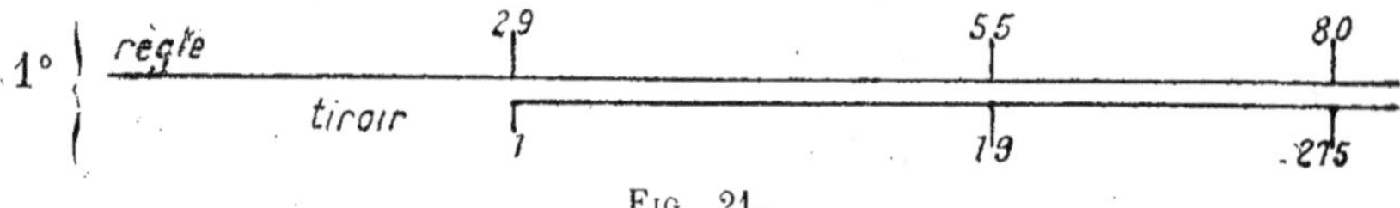

Fig. 21.

2° A la roue de **55** correspond à peu près le nombre **19**
— **80** — — **275**

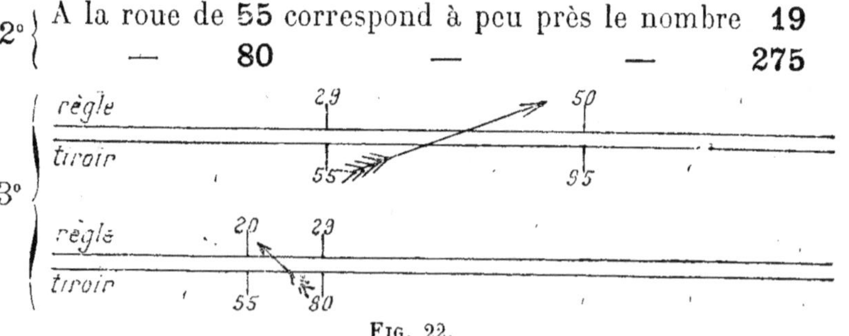

Fig. 22.

Les deux systèmes $\frac{55 \times 50}{100 \times 95}$ et $\frac{20 \times 80}{100 \times 55}$ donneront un pas très approché de $2^{mm},9$.

Remarque III. — Si le pas à obtenir était plus grand que le pas de la vis-mère, le mode d'opérer resterait le même.

Ainsi, soit à trouver les roues donnant un pas de **13** *millimètres, la vis-mère ayant un pas de* **8** *millimètres.*

En formant sur la règle et le tiroir la fraction $\frac{13}{8}$, nous voyons que :

$$\frac{13}{8} = \frac{65}{40}.$$

Les deux roues **65-40** nous donneront le pas de **13** millimètres.

Soit encore à trouver le système de roues donnant le pas de **77** millimètres, la vis-mère ayant un pas de **10** millimètres.

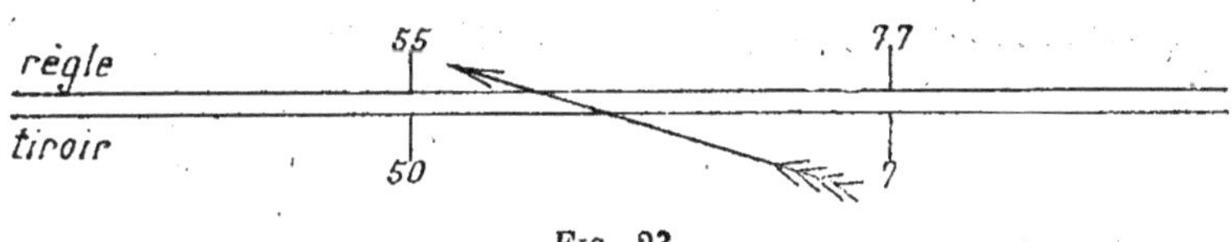

Fig. 23.

Amenons le **7**, sous-multiple du pas, sous le pas lui-même, et nous trouvons deux autres roues, **55** et **50**, qui se correspondent sur la règle et le tiroir.

Le système $\frac{70 \times 55}{10 \times 50}$ nous donnerait le pas demandé;

mais, comme nous n'avons pas la roue de **10**, nous remplacerons **10** $\times$ **50** par le produit égal **20** $\times$ **25**, et le système sera :

$$\frac{70 \times 55}{20 \times 25}.$$

CHAPITRE IV

ÉLÉVATION AUX PUISSANCES ET EXTRACTION DES RACINES

FORMATION DES CARRÉS

Le carré d'un nombre étant le produit de deux facteurs égaux à ce nombre, la longueur représentative du carré d'un nombre doit être le double de la longueur représentative de ce nombre.

Un des avantages de la Règle à Calcul est de donner instantanément le **carré des nombres.**

En effet, considérons la graduation inférieure de l'instrument. Elle ne compte qu'une seule échelle **1-10**, tandis que la règle et le tiroir en comprennent deux ; il en résulte que la longueur représentative d'un nombre est, sur la graduation inférieure, double de celle qu'il a sur la règle ou le tiroir. Si nous faisons coïncider les origines, nous constaterons que les nombres lus sur le bas du tiroir sont les carrés des nombres correspondants sur la graduation inférieure. Le carré d'un nombre se lit donc naturellement sur le tiroir au-dessus de ce nombre lu sur la graduation inférieure.

Mais, si le nombre n'est pas représenté par un trait sur la graduation inférieure, il est plus commode d'amener l'indicateur gauche du tiroir ou son **10** médian au-dessus du nombre lu sur la graduation inférieure, et le carré se lit sur la règle, au-dessus du **1** gauche ou du **10** médian du tiroir.

Pour fixer le nombre de chiffres, on applique la règle des produits, suivant que le carré est lu dans la première ou la deuxième échelle de la règle.

Exemples : $\begin{cases} \mathbf{47^2 = 2209}; \\ \mathbf{315^2 = 99200} \text{ (environ).} \end{cases}$

EXTRACTION DE LA RACINE CARRÉE

Inversement, la *graduation inférieure donne les racines des nombres lus sur la graduation inférieure du tiroir* (c'est pour cela que cette échelle est dénommée **Échelle des racines**, et c'est sous ce nom que nous la désignerons désormais), en observant que, si après le partage du nombre en tranches de deux chiffres, la dernière à gauche n'en a qu'un, il faut lire le nombre sur l'échelle gauche de la règle ; si la dernière tranche a deux chiffres, on le lit sur la deuxième échelle.

Exemples : $\begin{cases} \sqrt{144} = 12; \\ \sqrt{625} = 25; \\ \sqrt{4728} = 68{,}7. \end{cases}$

FORMATION DES CUBES

Le cube d'un nombre étant le produit de trois facteurs égaux à ce nombre, la longueur représentative du cube doit être *le triple de la longueur représentative du nombre*. L'échelle des racines nous en donnera le double, et, en ajoutant à cette longueur la longueur représentative simple du nombre, nous obtiendrons son cube.

Pour faire le cube d'un nombre, on amène l'origine du tiroir au-dessus du nombre lu sur l'échelle des racines; on trouve le résultat au-dessus du nombre lu sur le tiroir.

Si ce résultat était en dehors à droite sur une troisième échelle **1-10** de la règle supposée prolongée, au lieu d'amener au-dessus du nombre l'origine du tiroir, il faudrait y en amener l'indicateur médian, et le résultat se lirait sur la règle au-dessus du nombre lu sur l'échelle gauche du tiroir.

Le cube contient autant de tranches de trois chiffres qu'il y a de chiffres au nombre proposé, la dernière tranche à gauche ayant **1, 2** ou **3** chiffres, suivant que le résultat est lu sur la première, la deuxième ou la troisième échelle de la règle supposée prolongée.

Exemples :
$20^3 = 8000$;
$6^3 = 216$;
$41^3 = 68900$ (environ);
$75^3 = 422000$ (environ).

Un second moyen pour la formation des cubes consiste **à retourner le tiroir de gauche à droite dans sa rainure**; on fait ensuite coïncider le nombre donné, pris sur la droite du tiroir, avec le même nombre, pris sur l'échelle des racines, et le cube se lit au-dessus de l'indicateur **1** placé à droite. Comme précédemment, pour lire les cubes, il faudrait trois échelles à la règle. Les nombres qui devraient se lire sur la troisième échelle se liront sur la première, qui la remplace, et au-dessus de l'indicateur **10** à gauche. Quant au nombre de chiffres, il se fixe comme précédemment.

Cette seconde manière d'opérer est plus compliquée que la première, et elle n'est donnée ici que parce que l'extraction de la racine cubique en est déduite.

EXTRACTION DE LA RACINE CUBIQUE

La Règle à Calcul permet de trouver *directement* la racine cubique d'un nombre; mais l'opération est délicate, et présente de grandes chances d'erreur de lecture [1].

Voici la façon d'opérer :

Le tiroir étant retourné de droite à gauche dans sa rainure, on place son indicateur droit sous le nombre donné, lu sur la règle, et dans la première échelle, si, après le partage du nombre en tranches de trois chiffres, la première tranche à gauche n'en contient qu'un; dans la deuxième échelle, si elle en a deux, et enfin dans la troisième échelle, c'est-à-dire dans la première en se servant de l'indicateur **1** gauche du tiroir, si la première tranche contient trois chiffres (c'est la main gauche qui manœuvre le tiroir). On examine alors quels sont les deux nombres égaux qui se correspondent sur l'échelle des racines et sur l'échelle droite du tiroir; ce nombre est la *racine cherchée*. La racine a autant de chiffres qu'il y a de tranches dans le nombre.

Exemples : $\begin{cases} \sqrt[3]{8} = 2; \\ \sqrt[3]{64} = 4; \\ \sqrt[3]{125000} = 50. \end{cases}$

(1) On verra plus loin, chapitre VII, que, au moyen de l'échelle logarithmique, l'extraction d'une racine d'indice quelconque se fait *facilement* et avec *toute l'exactitude désirable.*

CHAPITRE V

OPÉRATIONS SIMULTANÉES

On peut, sur la Règle à Calcul, effectuer plusieurs opérations simultanément, c'est-à-dire **par une seule manœuvre** du tiroir. Voici les plus fréquemment effectuées :

1° Une multiplication et une division.

Exemple : $\frac{24 \times 37}{41}$;

2° Multiplication d'un carré par un nombre et division du produit par un autre nombre.

Exemple : $\frac{24^2 \times 67}{41}$;

3° Extraction de la racine carrée d'un quotient ou d'une fraction.

Exemple : $\sqrt{\frac{72}{43}}$;

4° Extraction de la racine carrée d'une fraction dont le numérateur est un produit.

Exemple : $\sqrt{\frac{24 \times 37}{53}}$.

Voici comment on procède :

1° Une multiplication et une division.

Soit à calculer :

$$x = \frac{24 \times 37}{41}.$$

On place, comme l'indique la figure, le diviseur, lu sur le tiroir, au-dessous d'un des facteurs, lu sur la règle; le résultat se lit sur la règle au-dessus du deuxième facteur, lu sur le tiroir, et l'on trouve : $x = 21{,}7$.

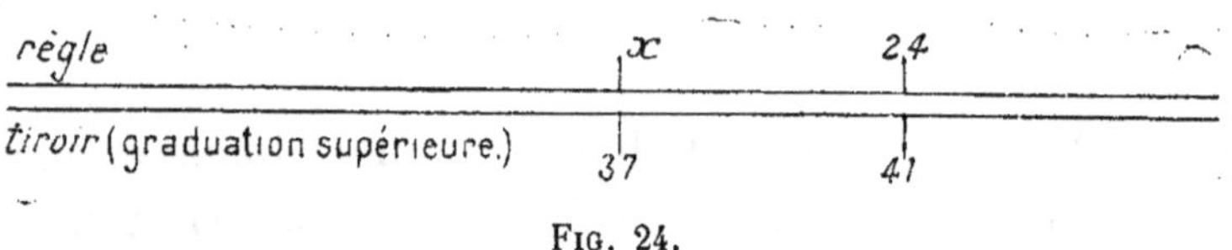

FIG. 24.

2° Multiplication d'un carré par un nombre et division du produit par un autre nombre.

Soit à calculer :

$$x = \frac{24^2 \times 67}{41}.$$

On place, comme l'indique la figure, le diviseur, lu sur la graduation inférieure du tiroir, au-dessus du nombre à élever au carré, lu sur l'échelle des racines. Le résultat se lit sur la règle, au-dessus du deuxième facteur, lu sur la graduation supérieure du tiroir, et l'on trouve : $x = 941$.

FIG. 25.

3° Extraction de la racine carrée d'un quotient ou d'une fraction.

Soit à calculer :

$$x = \sqrt{\frac{72}{43}} \text{ et } x' = \sqrt{\frac{1185}{43}}.$$

On trouve le quotient comme à l'ordinaire, et la racine se lit sur l'échelle des racines, au-dessous du **1** gauche du tiroir, si, le quotient étant divisé en tranches de deux chiffres, la dernière tranche n'en a qu'un, et l'on trouve : $x = \mathbf{1{,}293}$;

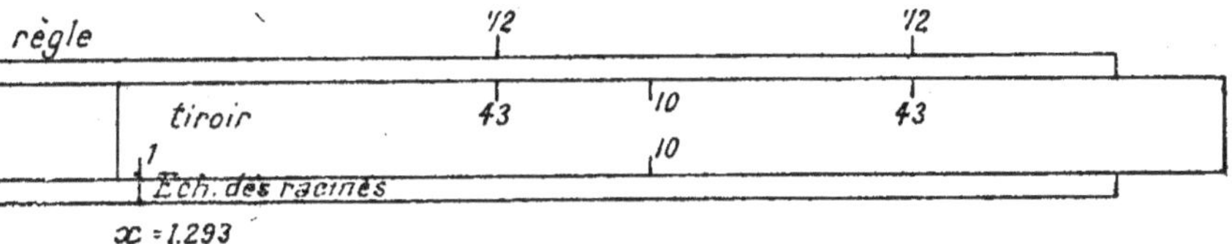

Fig. 26.

Ou au-dessous du **1** médian, si cette dernière tranche en a deux, et l'on trouve : $x' = \mathbf{5{,}25}$.

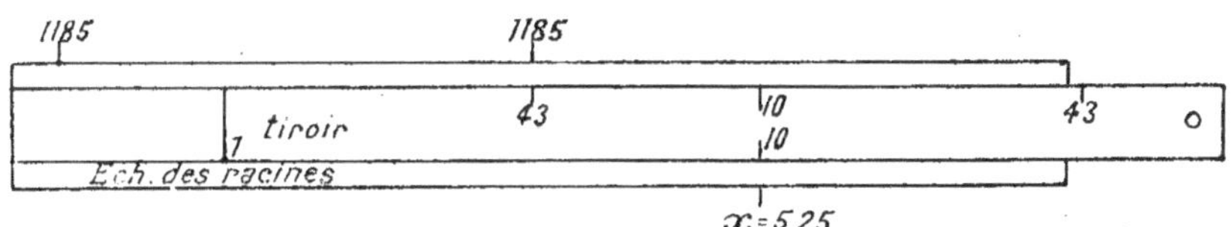

Fig. 27.

4° **Extraction de la racine carrée d'une fraction dont le numérateur est un produit.**

Soit à calculer :

$$x = \sqrt{\frac{24 \times 37}{53}} \text{ et } x' = \sqrt{\frac{550 \times 38}{24}}.$$

En procédant comme au numéro 1 (une multiplication et une division), nous trouverons la valeur de $\frac{24 \times 37}{53}$, et la racine se lira à l'échelle des racines au-dessous du deuxième facteur lu sur le tiroir, en observant que, si le résultat des deux premières opérations, divisé en tranches de deux chiffres, n'a *qu'un chiffre* à sa dernière tranche, il faudra lire le deuxième facteur sur l'échelle gauche du tiroir ; si elle en a *deux*, sur l'échelle droite.

A cause de cela, il faut, en effectuant la division, *donner au tiroir une position telle que le deuxième facteur, dans les deux échelles* **1-10** *du tiroir, ne sorte pas de la règle.*

Dans le premier exemple choisi, $x = \sqrt{\frac{24 \times 37}{53}}$, le résultat des deux premières opérations, $\frac{24 \times 37}{53}$, aurait deux chiffres entiers ; le deuxième facteur **37** sera donc lu dans l'échelle droite du tiroir, et la racine cherchée au-dessous,

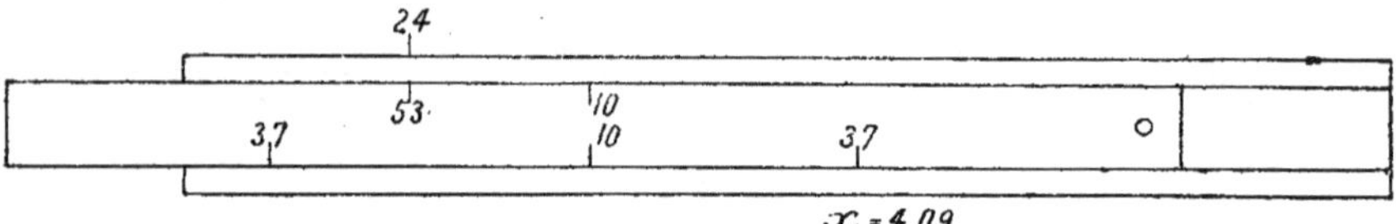

Fig. 28.

ce qui nous donne : $x = 4{,}09$.

Dans le deuxième exemple, $x' = \sqrt{\frac{550 \times 38}{24}}$, le résultat des deux premières opérations, $\frac{550 \times 38}{24}$, aurait trois chiffres entiers, et la dernière tranche un : le deuxième facteur sera donc lu dans l'échelle gauche du tiroir et la racine cherchée au-dessous, ce qui donne : $x' = 29,5$.

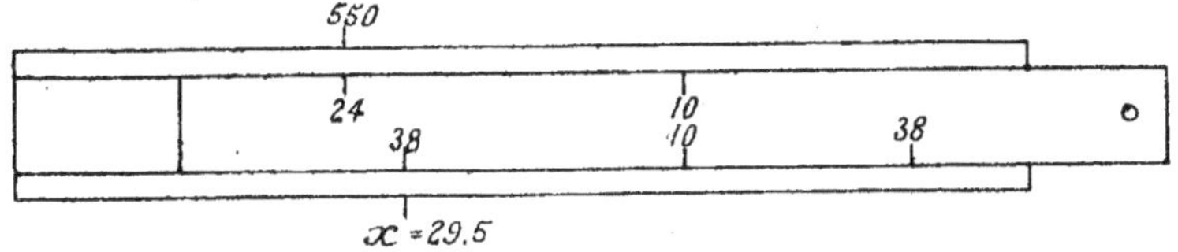

Fig. 29.

CHAPITRE VI

EMPLOI DES DIVISEURS

La plupart des questions qu'on a à résoudre sur la Règle à Calcul ne sont autre chose qu'un calcul de formules. Ainsi, si l'on veut trouver une surface, on aura à faire le produit de deux dimensions :

$$\mathbf{S} = \mathbf{a} \times b;$$

un volume, le produit de trois dimensions :

$$\mathbf{V} = \mathbf{a} \times b \times c;$$

l'intérêt d'une somme est donné par la formule :

$$i = \frac{tcn}{36000} \; (t, \text{ taux}; \; c, \text{ capital}; \; \mathbf{n}, \text{ nombre de jours});$$

le poids d'un cylindre est :

$$\mathbf{P} = \pi \mathbf{R}^2\mathbf{HD} \; (\mathbf{R}, \text{ rayon du cercle de base}; \; \mathbf{H}, \text{ hauteur}; \; \mathbf{D}, \text{ densité}).$$

Lorsqu'une formule ne renferme que des facteurs et des facteurs *quelconques*, il n'y a qu'à effectuer les opérations successives ; mais, si un ou plusieurs facteurs sont *constants*, il y a avantage à remplacer ce ou ces facteurs par leur **inverse diviseur** [1].

[1] On appelle **inverse** d'un nombre le quotient de l'unité par ce nombre ; ou encore, deux nombres sont dits inverses quand leur produit est égal

Exemple : Volume du cylindre $= \pi R^2H = \frac{R^2H}{\frac{1}{\pi}} = \frac{R^2H}{0,318}$.

En effet, comme on peut, sur la Règle à Calcul, effectuer simultanément une multiplication et une division, cette dernière formule peut se calculer d'un seul coup, tandis que la première nécessitait une double manœuvre du tiroir.

APPLICATIONS

I. Si, dans la formule de l'intérêt : $i = \frac{tcn}{36000}$, nous supposons successivement $t = 6$ 0/0, 5 0/0, 4 1/2 0/0, 4 0/0, 3 0/0, la formule devient :

$$\text{pour } t = 6,\ i = \frac{6 \times cn}{36000} = \frac{cn}{36000 \times \frac{1}{6}} = \frac{cn}{6000};$$

$$\text{pour } t = 5,\ i = \frac{5 \times cn}{36000} = \frac{cn}{36000 \times \frac{1}{5}} = \frac{cn}{7200};$$

$$\text{pour } t = 4\frac{1}{2},\ i = \frac{4,5 \times cn}{36000} = \frac{cn}{36000 \times \frac{1}{4,5}} = \frac{cn}{8000};$$

à **1**. Ainsi, **0,5** est l'inverse de **2**. D'autre part, multiplier une quantité par un nombre ou la diviser par l'inverse de ce nombre, c'est faire deux opérations identiques. Ainsi, multiplier **8** par **2** ou le diviser par **0,5**, inverse de **2**, donne le même résultat : **16**.

Pour trouver l'inverse d'un nombre, placer le **1** gauche du tiroir au-dessous du nombre lu sur la règle ; l'inverse se lit sur le tiroir au-dessous du **10** de la règle. *Exemples :* inverse de $\pi = 0,318$; inverse de **7,8**, densité du fer $= 0,128$.

$$\text{pour } t = 4,\ i = \frac{4 \times cn}{36000} = \frac{cn}{36000 \times \frac{1}{4}} = \frac{cn}{9000};$$

$$\text{pour } t = 3,\ i = \frac{3 \times cn}{36000} = \frac{cn}{36000 \times \frac{1}{3}} = \frac{cn}{12000}.$$

Aux taux................	6 0/0	5 0/0	4 1/2 0/0	4 0/0	3 0/0,
correspondent les diviseurs.	6000	7200	8000	9000	12000,

et, en employant ces diviseurs, la formule se calcule par une simple manœuvre du tiroir.

Exemple : Quel est, à **3** 0/0, l'intérêt de **315** francs en **63** jours ?

A **3** 0/0, le diviseur est **12.000**.

Amenons le **12** du tiroir au-dessous du **315** de la règle, et, au-dessus du **63** du tiroir, nous lirons la réponse : **1** fr. **65**.

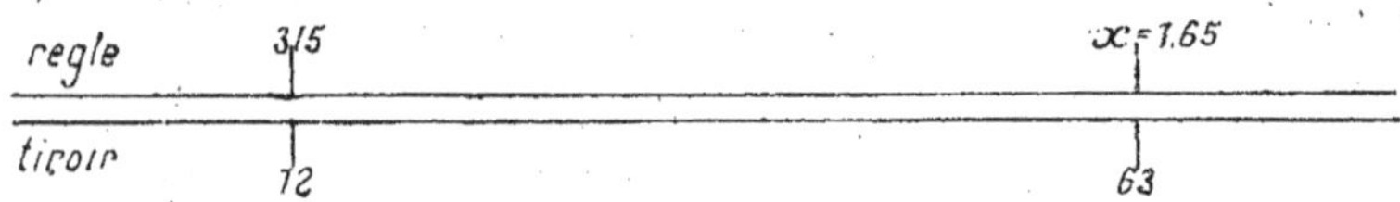

Fig. 30.

II. Les formules donnant les poids respectifs du parallélipipède, du cylindre et de la sphère sont :

Pour le parallélipipède : $P = a \times b \times c \times D$ (**a**, *b*, *c*, dimensions ; **D**, densité) ;

Pour le cylindre : $P = \pi R^2HD$ (**H**, hauteur ; **R**, rayon ; **D**, densité) ;

Pour la sphère : $P = \frac{4\pi R^3 D}{3}$ (**R**, rayon ; **D**, densité).

Mais on peut avantageusement remplacer les facteurs constants par leur inverse diviseur, et les formules deviennent :

$$\text{Poids :} \begin{cases} \text{Parallélipipède} = \dfrac{abc}{\dfrac{1}{D}} ; \\ \text{Cylindre} = \dfrac{R^2 H}{\dfrac{1}{\pi D}} ; \\ \text{Sphère} = \dfrac{R^3}{\dfrac{1}{\frac{4}{3}\pi D}} = \dfrac{R^3}{\dfrac{3}{4\pi D}}, \end{cases}$$

$\frac{1}{D}$ sera le diviseur pour le parallélipipède ;

$\frac{1}{\pi D}$ — le cylindre ;

$\frac{3}{4\pi D}$ — la sphère.

D'autre part, le diamètre du cylindre ou de la sphère étant d'une mensuration plus facile, plus immédiate que le rayon, il y a encore avantage à remplacer dans les formules **R** par **2R**, c'est-à-dire le rayon par le diamètre. Les formules du cylindre et de la sphère deviennent alors :

$$\text{Poids du cylindre} = \frac{R^2 H}{\dfrac{1}{\pi D}} = \frac{4R^2 H}{\dfrac{4}{\pi D}} = \frac{(2R)^2 H}{\dfrac{4}{\pi D}} ;$$

$$\text{Poids de la sphère} = \frac{R^3}{\frac{3}{4\pi D}} = \frac{8R^3}{\frac{24}{4\pi D}} = \frac{(2R)^3}{\frac{6}{\pi D}} = \frac{(2R)^2 \times 2R}{\frac{6}{\pi D}}.$$

Les diviseurs sont donc, pour les deux dernières formules : $\frac{4}{\pi D}$ et $\frac{6}{\pi D}$.

Celui du parallélipipède est : $\frac{1}{D}$.

Si nous faisons **D** successivement égal à la densité du fer, du cuivre, du plomb, ..., etc., nous trouverons les diviseurs correspondant à ces matières, et nous dresserons le tableau ci-dessous.

(Certaines règles contiennent au revers le tableau de ces diviseurs.)

TABLEAU DES DIVISEURS

MATIÈRES	DENSITÉS	PARALLÉLIPIPÈDE	CYLINDRE	SPHÈRE
Eau.........	1,00	1,000	1,272	1,910
Plomb......	11,40	0,088	0,112	0,168
Cuivre......	8,60	0,117	0,149	0,224
Fonte.......	7,20	0,139	0,177	0,266
Fer et acier.	7,80	0,128	0,164	0,245
Terre grasse.	1,97	0,520	0,661	0,995
Pierre......	2,08	0,481	0,612	0,918
Maçonnerie.	2,70	0,369	0,470	0,702
Chêne	0,86	1,166	1,480	2,220
Sapin.......	0,55	1,820	2,320	3,480

Remarque. — Les formules donnant le poids servent également au calcul du volume ; il suffit en effet d'y supprimer le facteur **D** ou, ce qui revient au même, d'y faire **D** = **1**. Les diviseurs respectifs pour le calcul du volume seront donc les diviseurs correspondant à l'eau dans les formules donnant le poids.

Exemples : a) *Quel est le poids d'une barre de fer de* **8**^{mm} × **20** *et* **3**^{m},**750** *de longueur?*

Pour le parallélipipède, le diviseur correspondant au fer est **0,128**.

Faisons coïncider le **128** du tiroir avec le **160** de la règle (produit mentalement effectué de **8** par **20**) et, au-dessus du **375** du tiroir, nous lirons, sur la règle, la réponse : **4**^{kg},**680**.

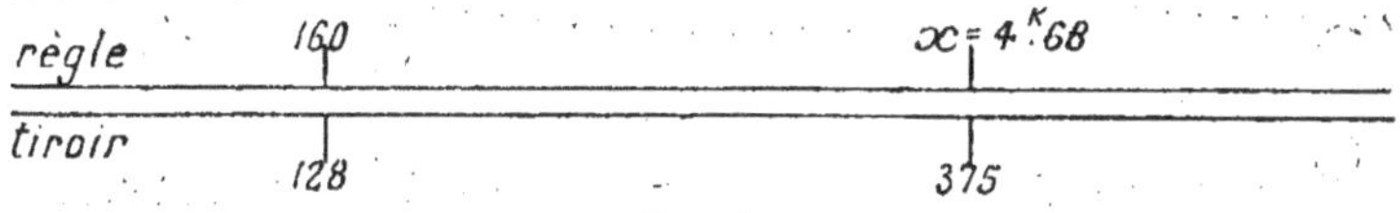

Fig. 31.

Remarque I. — Les nombres **128, 160, 375** devraient se lire et s'écrire : **0,128, 0,016, 37,5** ; conformément à la remarque de la page 14, on ne s'occupe pas de la place de la virgule.

Remarque II. — Le **128** du tiroir coïncidant sur la règle avec le produit de deux dimensions, aux valeurs de la troisième dimension, lues sur le tiroir, correspondent, sur la règle, les valeurs du poids. Nous pourrons donc, par une simple lecture, trouver la longueur de barre à prendre pour avoir un poids déterminé de métal, **2**^{kg}**,500** par exemple. Cette longueur est **2** mètres.

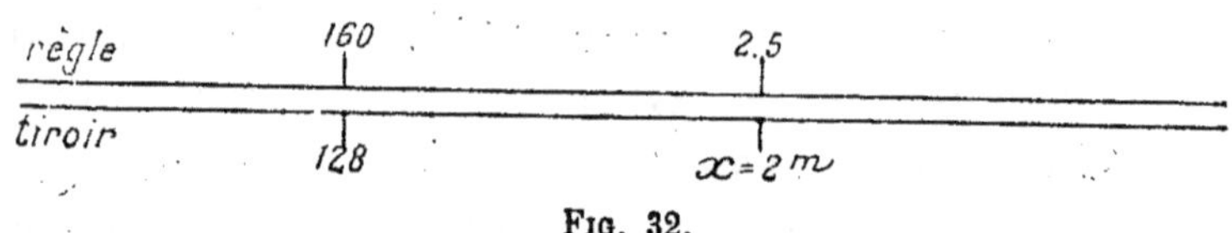

FIG. 32.

b) *Quel est le poids d'une colonne cylindrique en fonte de* **67** *millimètres de diamètre et* **2**^{m}**,850** *de hauteur?*

Pour le cylindre, le diviseur correspondant à la fonte est **0,177**.

Faisons coïncider le **177** du tiroir avec le **67** de l'échelle des racines, et, au-dessus du **285** du tiroir, nous lirons, sur la règle, la réponse : **72**^{kg}**,3**.

FIG. 33.

Aux longueurs lues sur le tiroir correspondent sur la règle les poids. Une simple lecture nous fournira la hauteur que devrait avoir la colonne pour avoir un poids déterminé, **139** kilogrammes par exemple. Cette hauteur est **5**^{m}**,47**.

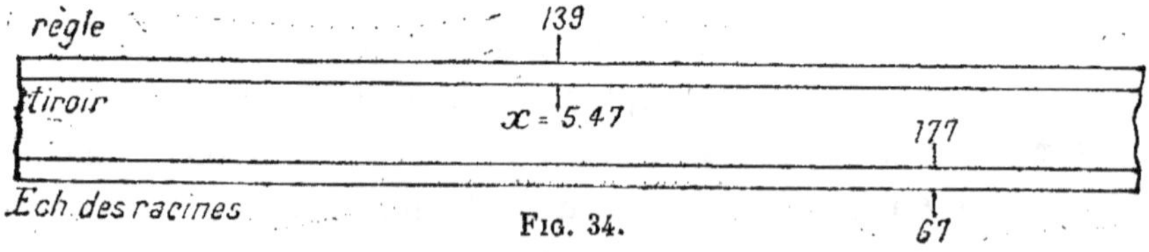

règle 139

tiroir x = 5,47 177

Éch. des racines 67

FIG. 34.

Si le diamètre était l'inconnue à déterminer, la manipulation serait un peu plus compliquée (Voir chap. v, 4e cas). Ce diamètre se trouverait à l'échelle des racines, au-dessous du diviseur **177**, lu sur l'une ou l'autre échelle **1-10** du tiroir, et il y aurait alors à voir laquelle des deux réponses est la bonne.

Ainsi, par exemple, *quel est le diamètre d'une colonne cylindrique en fonte de* **4** *mètres de hauteur, et qui pèse* **186** *kilogrammes?*

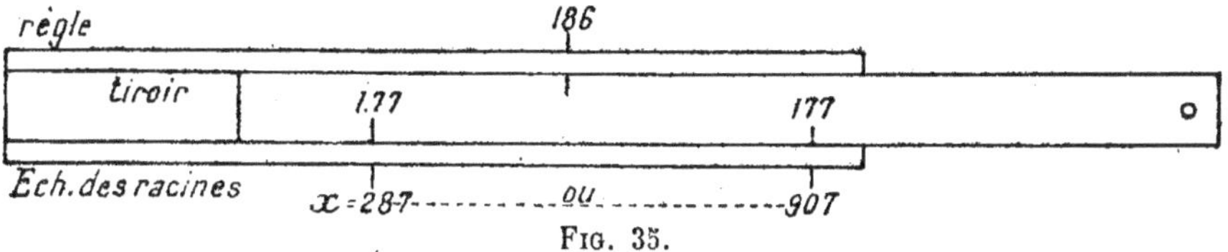

Fig. 35.

Au-dessous du diviseur **177** se trouvent les nombres **287** et **907**. L'homme du métier lira sans hésiter **90**mm**,7** et rejettera **287**, car **28**mm**,7** ou **287** millimètres seraient des réponses dérisoires par leur exagération.

c) *Quel est le poids d'un tube de plomb qui a* **2**m**,60** *de longueur,* **25** *millimètres de diamètre extérieur et* **15** *millimètres de diamètre intérieur?*

Pour le cylindre, le diviseur correspondant au plomb est **112**. Un cylindre plein de **2**m**,600** de longueur et **25** millimètres de diamètre pèserait **14**kg**,500**.

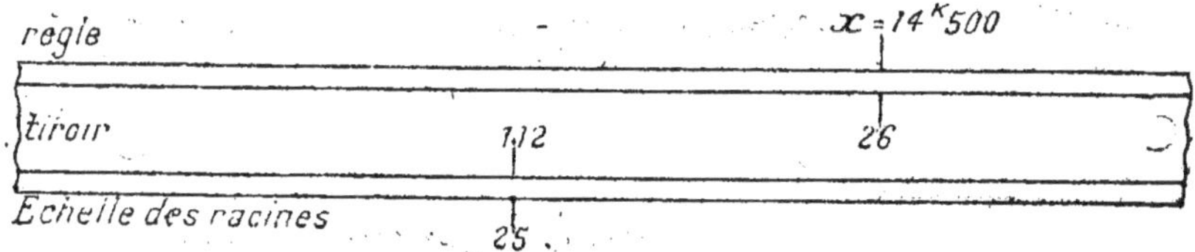

Fig. 36.

Un cylindre de même longueur et de **15** millimètres de diamètre pèserait **5^{kg},230**.

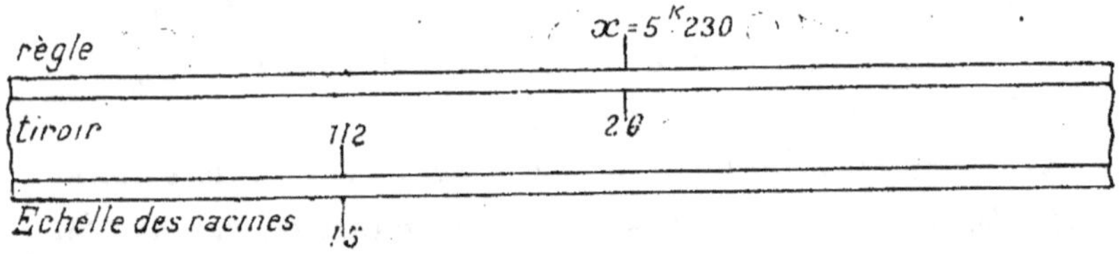

Fig. 37.

Le tube pèsera donc **14^{kg},500 — 5^{kg},230 = 9^{kg},270**.

d) *Quel est le poids d'une sphère de cuivre de* **43** *millimètres de diamètre ?*

Pour la sphère, le diviseur correspondant au cuivre est **224**.

Faisons coïncider le **224** du tiroir avec le **43** de l'échelle des racines, et, au-dessus du **43** du tiroir, nous lirons sur la règle la réponse : **355** grammes.

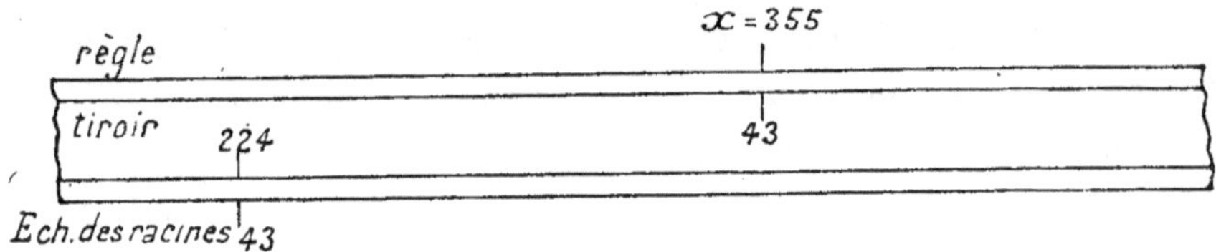

Fig. 38.

e) *Quel est le volume d'un cylindre de* **124** *millimètres de diamètre et* **5^{m},400** *de longueur ?*

Comme nous avons à calculer le volume et non le poids, nous prendrons le diviseur correspondant à l'eau. Pour le cylindre, ce diviseur est **1,272**.

Faisons coïncider le **1272** du tiroir avec le **124** de

l'échelle des racines, et, au-dessus du **54** du tiroir, nous lirons sur la règle la réponse : **65** décimètres cubes.

règle 65
tiroir 12,72 54
Ech. des racines 124

Fig. 39.

III. Pour cuber un tronc d'arbre, ou plus généralement un tronc de cône, on le considère comme un cylindre ayant pour base la section moyenne [1], et son volume est :

$$V = \pi R^2 H.$$

Mais la circonférence étant, dans le cas d'un diamètre supérieur à l'écartement des branches d'un pied à coulisse ordinaire, d'une mensuration plus facile que le diamètre ou le rayon, c'est elle que, par une transformation, nous ferons intervenir dans la formule :

$$\begin{aligned} V &= \pi R^2 H \\ &= \frac{\pi R^2 H \times 4\pi}{4\pi} \\ &= \frac{4\pi^2 R^2 H}{4\pi} \\ &= \frac{(2\pi R)^2 H}{4\pi} = \frac{\text{circ.}^2 H}{4\pi} = \frac{\text{circ.}^2 H}{12{,}56}. \end{aligned}$$

$4\pi = 12{,}56$ sera le diviseur, et l'opération se fera d'un seul coup.

(1) Ce procédé n'est pas rigoureusement exact, mais l'approximation est généralement suffisante.

Exemple : Un poteau de télégraphe a **8^m,50** *de longueur et une circonférence moyenne de* **0^m,52.** *Quel est son volume ?*

Faisons coïncider le diviseur **12,56** du tiroir avec le **52** de l'échelle des racines, et, au-dessus du **85** du tiroir, nous lirons sur la règle la réponse : **183^dm3,1/2.**

Fig. 40.

Remarque. — Si l'on voulait connaître le poids du poteau, supposé en sapin dont la densité est **0,55**, ce poids serait :

$$\frac{(2\pi R)^2 HD}{12,56} = \frac{(2\pi R)^2 H}{\frac{12,56}{D}} = \frac{(2\pi R)^2 H}{\frac{12,56}{0,55}} = \frac{(2\pi R)^2 H}{22,8}$$

$$= \frac{(0,52)^2 \times 8,5}{22,8} = 101 \text{ kg.}$$

Fig. 41.

IV. Un forgeron qui doit exécuter un certain nombre de pièces avec du fer à section hexagonale et à section octogonale voudrait établir, pour ces sections, le diviseur correspondant au fer. Comment s'y prendra-t-il?

A) La géométrie nous apprend que, en appelant **c** le côté de l'hexagone, **a** son apothème, la surface est :

$$\mathbf{S} = \frac{3c^2\sqrt{3}}{2}. \qquad (1)$$

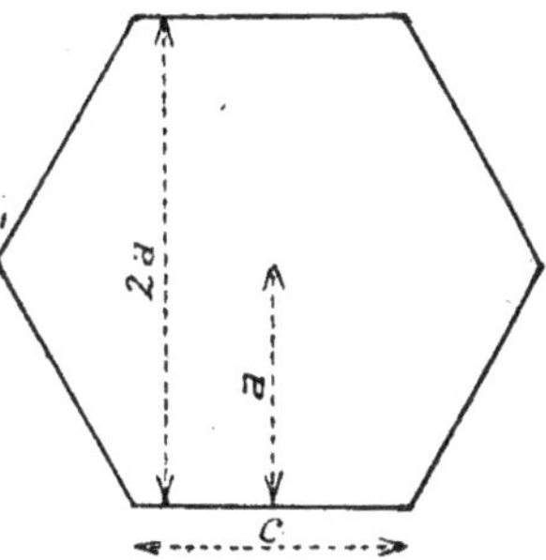

FIG. 42.

Mais, l'épaisseur sur plat (c'est-à-dire le double apothème **2a**) étant plus facile à mesurer, c'est elle que, par une transformation, nous ferons intervenir.

On sait en effet que :

$$a = \frac{c}{2}\sqrt{3},$$

d'où :

$$a^2 = \frac{3c^2}{4}$$

et

$$c^2 = \frac{4a^2}{3} \qquad (2)$$

Substituons dans (1) cette valeur de c^2, on a :

$$\mathbf{S} = \frac{12a^2\sqrt{3}}{6} = \frac{4a^2\sqrt{3}}{2} = \frac{(2a)^2\sqrt{3}}{2}.$$

Le poids sera :

$$\mathbf{P} = \mathbf{SHD} \text{ (S, section; H, longueur; D, densité)}$$

$$= \frac{(2a)^2\sqrt{3}\,\mathbf{HD}}{2}$$

$$= \frac{\frac{(2a)^2\mathbf{H}}{2}}{\frac{2}{\mathbf{D}\sqrt{3}}},$$

et, en faisant **D** = **7,8,** densité du fer, on aura enfin :

$$P = \frac{\frac{(2a)^2 H}{2}}{7,8\sqrt{3}} = \frac{\frac{(2a)^2 H}{2}}{13,51} = \frac{(2a)^2 H}{0,148}.$$

0,148 sera le diviseur cherché, correspondant à l'hexagone, et le poids s'obtiendra d'un seul coup.

Exemple : 1° Quel sera le poids d'une barre de fer à section hexagonale qui a **42** *millimètres d'épaisseur sur plat et* **1**^{m}**,250** *de largeur?*

2° *Quelle longueur de cette même section faudra-t-il prendre pour avoir* **8**^{kg}**,4** *de matière?*

1° On a :

$$P = \frac{(2a)^2 H}{0,148} = \frac{42^2 \times 125}{0,148}.$$

Faisons coïncider le diviseur **148** avec le **42** de l'échelle des racines, et, au-dessus du **125** du tiroir, nous lirons sur la règle la réponse : **14**^{kg}**,900.**

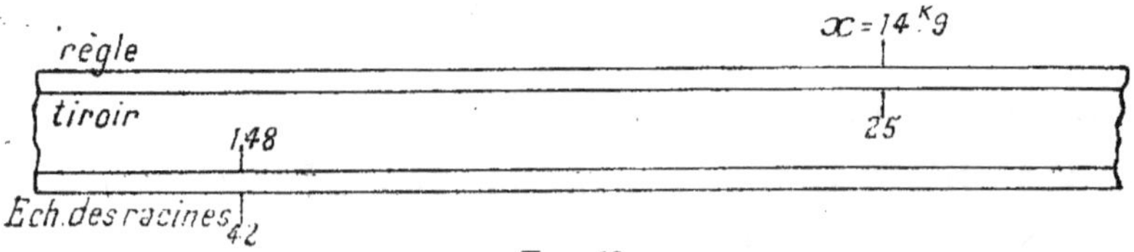

règle
x = 14 kg
tiroir
148
25
Éch. des racines
42

FIG. 43.

2° Aux longueurs lues sur l'échelle supérieure du tiroir correspondent les poids sur la règle; nous trouverons donc qu'à un poids de **8kg,4** correspond une longueur de **0m,705**.

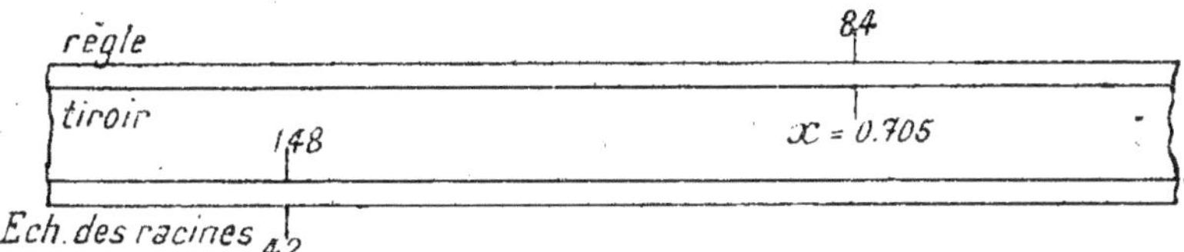

Fig. 44.

B) En suivant une même marche, on trouverait le diviseur correspondant au fer pour la section octogonale.

En effet, la géométrie nous apprend que la surface de l'octogone de côté **c** est :

$$\mathbf{S} = 2c^2(\sqrt{2} + 1); \quad (1)$$

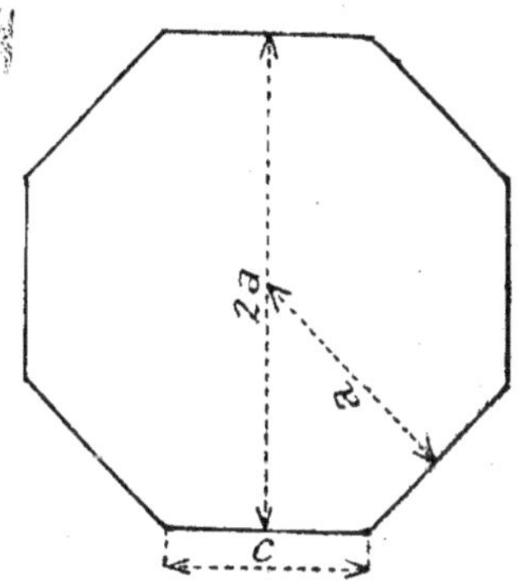

Fig. 45.

d'autre part,

$$a = \frac{c}{2}(\sqrt{2} + 1);$$

d'où :

$$c = \frac{2a}{\sqrt{2} + 1}$$

et

$$c^2 = \frac{(2a)^2}{(\sqrt{2} + 1)^2}.$$

Substituons dans (1) cette valeur de c^2, on a :

$$\mathbf{S} = \frac{2(2a)^2(\sqrt{2} + 1)}{(\sqrt{2} + 1)^2}$$

$$= \frac{2(2a)^2}{\sqrt{2} + 1}.$$

Le poids sera **P** = **SHD** (**S**, section ; **H**, longueur ; **D**, densité) :

$$= \frac{2\,(2a)^2\,HD}{\sqrt{2}+1}$$

$$= \frac{(2a)^2\,H}{\frac{\sqrt{2}+1}{2D}} = \frac{(2a)^2\,H}{\frac{1{,}414+1}{2\times 7{,}8}}$$

$$= \frac{(2a)^2\,H}{\frac{2{,}414}{15{,}6}} = \frac{(2a)^2\,H}{0{,}155}.$$

0,155 sera le diviseur cherché correspondant à l'octogone, et le poids s'obtiendra d'un seul coup.

Exemple : 1° *Quel est le poids d'une barre de fer à section octogonale ayant* **1**^{m}**,250** *de longueur et* **35** *millimètres d'épaisseur sur plat?*

2° *Quelle longueur de cette même barre faudra-t-il prendre pour avoir* **3**^{kg}**,400** *de matière?*

En procédant comme l'indique la figure,

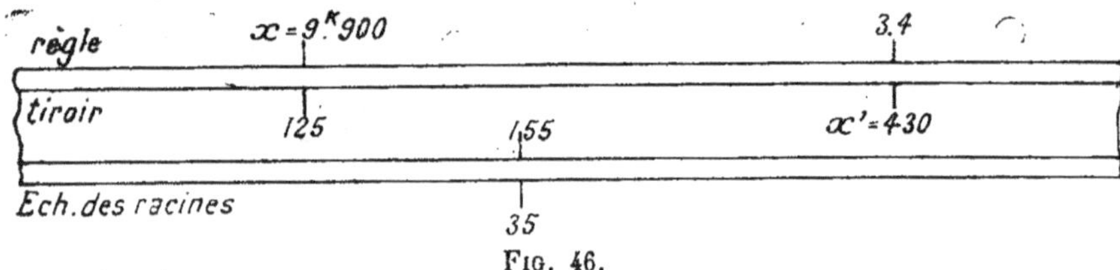

Fig. 46.

nous trouvons d'un seul coup les deux réponses : **9**^{kg}**,900** et **430** millimètres.

Remarque. — Si les questions précédentes étaient posées sous cette forme nouvelle :

Le déchet à la forge étant n 0/0;

1° Quel sera le poids d'une pièce forgée avec une barre de fer de section et de longueur déterminées ?

2° Quelle longueur de cette même section faudra-t-il prendre pour obtenir finie une pièce de poids déterminé ?

Il suffirait de multiplier le diviseur correspondant à la section employée par le rapport $\frac{100}{100-n}$, et de prendre le résultat comme diviseur nouveau.

Exemple I : Le déchet à la forge étant supposé égal à **8** 0/0 ;

1° *Quel sera le poids d'une pièce forgée avec une barre de fer* ▨ *de* **8**mm × **20** *millimètres et* **3**m,**750** *de longueur ?*

2° *Quelle longueur de cette même barre faudra-t-il prendre pour forger une pièce qui doit peser, finie,* **2**kg,**600** ?

Pour le fer, le diviseur correspondant à la section rectangulaire est **0,128**. En multipliant ce diviseur par le rapport $\frac{100}{100-8}=\frac{100}{92}$, nous trouvons :

$$\frac{0{,}128\times 100}{92}=0{,}140.$$

En employant **140** comme diviseur, et en procédant comme l'indique la figure, on trouve d'un coup les deux réponses : **4**kg,**300** et **2**m,**28**.

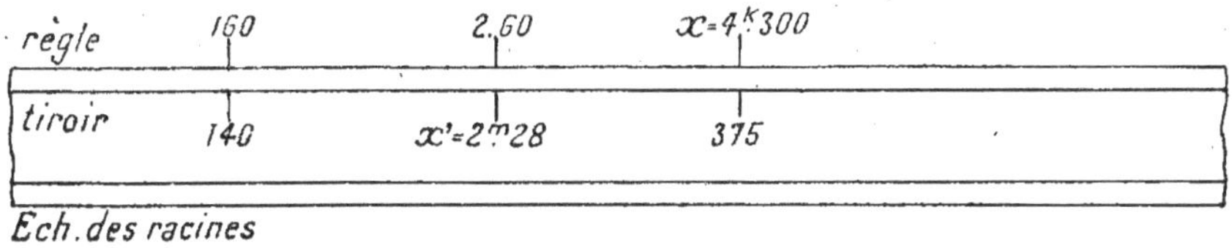

Fig. 47.

Exemple II : Le déchet à la forge étant supposé égal à **5** 0/0 ;

1° *Quel sera le poids d'une pièce forgée avec une barre de fer à section hexagonale qui a* **42** *millimètres d'épaisseur sur plat et* **1^{m},250** *de longueur ?*

2° *Quelle longueur de cette même barre faudra-t-il prendre pour forger une pièce qui doit peser, finie,* **8^{kg},400** ?

Le diviseur correspondant au fer et à la section hexagonale est **0,148**. En multipliant ce diviseur par le rapport $\frac{100}{100 - 5} = \frac{100}{95}$, nous trouvons :

$$\frac{0,148 \times 100}{95} = 0,156.$$

En employant **0,156** comme diviseur, et en procédant ensuite comme l'indique la figure, on trouve d'un seul coup les deux réponses : **14^{kg},500** et **0^{m},745**.

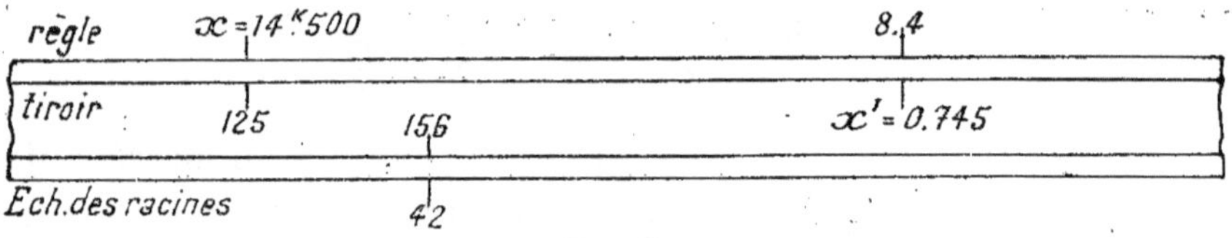

règle $x = 14^{k}500$ 8.4
tiroir 125 156 $x' = 0.745$
Éch. des racines 42

Fig. 48.

Exemple III : Le déchet à la forge étant supposé égal à **7** 0/0 ;

1° *Quel sera le poids d'une pièce forgée avec une barre de fer à section octogonale qui a* **53** *millimètres d'épaisseur sur plat et* **820** *millimètres de longueur ?*

2° *Quelle longueur de cette même barre faudra-t-il prendre pour forger une pièce qui doit peser, finie,* **5** *kilogrammes ?*

Pour le fer, le diviseur correspondant à la section octogonale est **0,155**. En multipliant ce diviseur par le rapport $\frac{100}{100 - 7} = \frac{100}{93}$, nous trouvons :

$$\frac{0{,}155 \times 100}{93} = 0{,}163.$$

En employant **0,163** comme diviseur, et en procédant comme l'indique la figure, on trouve d'un seul coup les deux réponses : **14**kg**,200** et **290** millimètres.

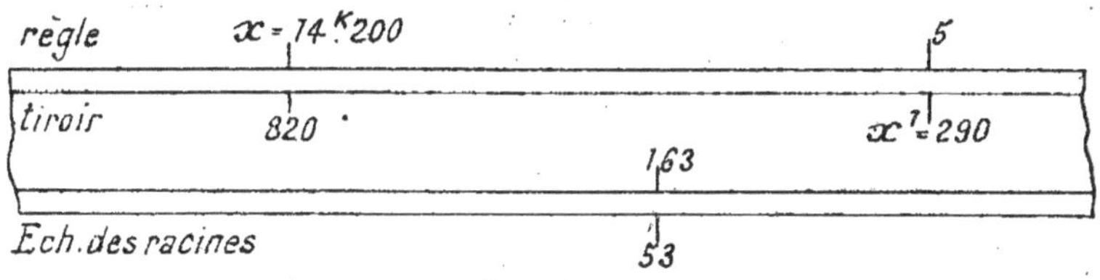

règle $x = 14^{K}200$ 5
tiroir 820 1,63 $x^{?} = 290$
Ech. des racines 53

Fig. 49.

APPLICATION RÉCAPITULATIVE

Dans l'industrie métallurgique, un problème qui se pose très souvent, pour répondre à des demandes de prix ou pour dresser un devis, est celui-ci :

Ayant sous les yeux le dessin d'un objet, pièce ou appareil quelconque, calculer quel sera son poids.

Si la pièce a une des formes géométriques connues, prisme, cylindre, cône, sphère, etc., le calcul est facile ; il n'y a, en effet, qu'à faire application des procédés indiqués plus haut. Mais il en est rarement ainsi. Toutefois, en procédant *par compensations*, on peut toujours décomposer la pièce considérée en plusieurs solides géométriques dont on calcule ensuite les poids respectifs ; la somme des poids des diverses parties donne alors le poids de la pièce.

Ainsi, soit à évaluer le poids de la manivelle en fer représentée par le dessin ci-dessous :

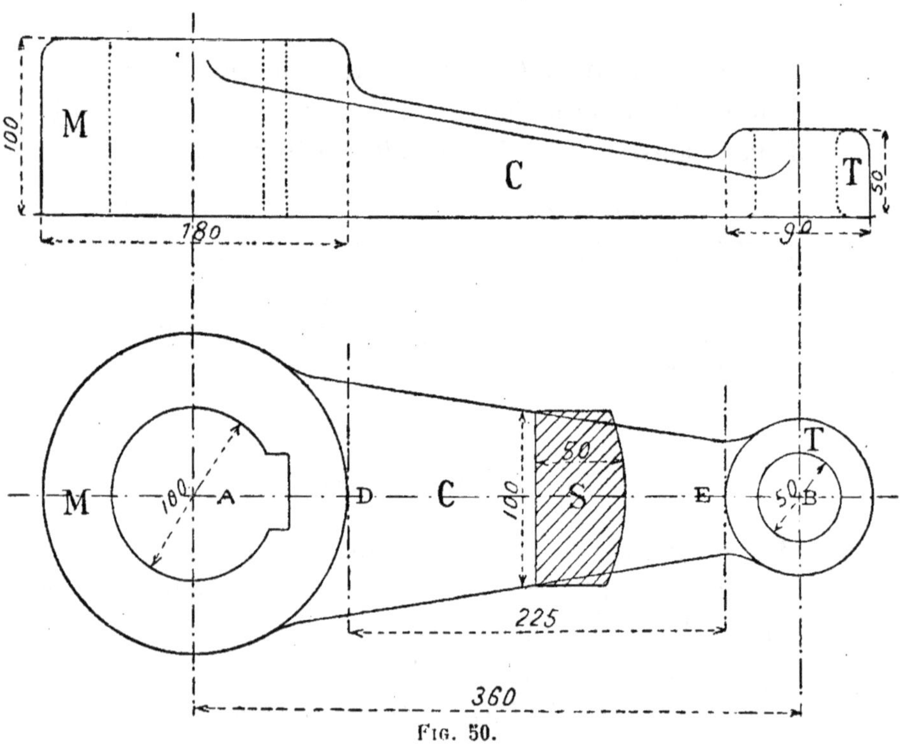

Fig. 50.

Le moyeu M et la tête T seront deux tubes cylindriques ; le corps C sera un prisme ayant pour base la section moyenne S, et une longueur plus grande que DE, car les sections en D et en E laisseraient aux tubes *de la matière en excès;* plus petite que AB, car si on prenait AB pour longueur du corps certaines parties de matière comprises entre les sections en A et D d'une part, en B et E d'autre part, *se trouveraient comptées deux fois ;* on prendra donc une longueur intermédiaire *telle que la matière comptée deux fois soit compensée par la matière en excès*, et on fera le calcul ci-après :

Moyeu	**M (D = 180, d = 100, H = 100), P = 19k,800 — 6k,200.**	**13k,600**
Tête	**T (D = 90, d = 50, H = 50), P = 2k,475 — 0k,760.**	**1k,715**
Corps	**C (S = 100 × 50, L = 240), P**	**9k,350**
	La manivelle finie pèsera donc	**24k,665**

CONSEILS GÉNÉRAUX RELATIFS A L'EMPLOI DES DIVISEURS

A l'usage, la graduation des diverses échelles de la Règle à Calcul devient de moins en moins nette, et la sueur, d'autre part, vient souvent obscurcir la vue de l'opérateur : deux causes qui rendent plus difficile la lecture des échelles dans leurs infimes divisions. C'est pourquoi, lorsqu'on a à se servir fréquemment d'un ou de plusieurs diviseurs, il est avantageux d'*indiquer sur le tiroir, par un signe particulier, la position exacte de ce ou de ces diviseurs.*

Ainsi, par exemple, un forgeron qui emploie très souvent les diviseurs correspondant au fer (plat et carré, **128**;

rondin, **164**) devra en indiquer, comme ci-dessous, la position :

Fig. 51.

De cette manière, avec moins d'effort et moins d'attention, il opérera plus rapidement et plus sûrement.

En général, il y a surtout avantage à se servir de la Règle à Calcul lorsqu'on a à effectuer un grand nombre d'opérations analogues.

Il faut alors commencer par rechercher la méthode s'appliquant le mieux aux calculs à effectuer. Cette méthode une fois choisie, on doit l'appliquer uniformément ; de cette manière, on arrive à opérer machinalement, mais vite, et la Règle à Calcul est un instrument utile.

Dans les cas *à la fois compliqués et isolés*, où il y aurait lieu de rechercher la méthode, il serait préférable de faire un calcul direct ou logarithmique.

CHAPITRE VII

ÉCHELLES DU REVERS DU TIROIR

Le tiroir porte à son revers trois échelles: la première, marquée S, est l'*échelle des sinus;* la deuxième, marquée T, est l'*échelle des tangentes;* enfin, la troisième est l'*échelle des logarithmes.*

Indiquons successivement leur emploi.

ÉCHELLE DES LOGARITHMES

L'échelle inférieure (1) du revers du tiroir permet de traiter les questions où interviennent les logarithmes des nombres; elle sert à évaluer, sur l'échelle des racines, les longueurs représentant les mantisses des logarithmes des nombres. Cette échelle est divisée en 500 parties égales numérotées de droite à gauche; chaque division correspond donc à $\frac{2}{1.000}$ de la longueur totale de l'échelle; en partageant à vue l'intervalle entre deux divisions, on peut lire en millièmes les mantisses.

Pour trouver le logarithme d'un nombre, on fixe sa caractéristique d'après la règle connue; puis, plaçant

(1) Sur certaines règles, cette échelle occupe la position médiane entre l'échelle S et l'échelle T.

l'origine **1** du tiroir au-dessus du nombre lu sur l'échelle des racines, on retourne l'instrument et on lit, sur le tiroir, la partie décimale, l'extrémité même de l'instrument servant d'index.

Exemples :
$$\begin{cases} \log \mathbf{282} = \mathbf{2{,}450}\,; \\ - \ \mathbf{1745} = \mathbf{3{,}242}\,; \\ - \ \mathbf{0{,}027} = \bar{\mathbf{2}}\mathbf{,432}. \end{cases}$$

Inversement, pour trouver le **nombre correspondant** à un logarithme donné, on fait affleurer la mantisse du logarithme contre l'extrémité de l'instrument *retourné ;* on ramène celui-ci face en dessus, et le nombre correspondant se lit sur l'échelle des racines, au-dessous du **1** gauche du tiroir.

La place de la virgule est déterminée par la caractéristique.

Si l'on avait à trouver un grand nombre de logarithmes, il serait préférable de retourner le tiroir dans sa rainure. On amène alors son **1** gauche au-dessus du nombre lu sur l'échelle des racines, et le logarithme se lit sur le tiroir, au-dessus du **10** de l'échelle des racines.

Exemples :
$$\begin{cases} \mathbf{0{,}684} = \log \mathbf{4{,}84}\,; \\ \mathbf{1{,}795} = \log \mathbf{62{,}4}\,; \\ \bar{\mathbf{2}}\mathbf{,318} = \log \mathbf{0{,}0208}. \end{cases}$$

Application : calculer $\sqrt[5]{4{,}59}$.

On a :

$$\log \mathbf{4{,}59} = \mathbf{0{,}662}\,;$$
$$\mathbf{1/5} \log \mathbf{4{,}59} = \mathbf{0{,}132}\,;$$
$$\sqrt[5]{\mathbf{4{,}59}} = \mathbf{1{,}355}.$$

ÉCHELLE DES SINUS

Le tiroir étant retourné dans sa rainure, sa partie supérieure porte une échelle marquée S permettant de trouver les sinus des angles.

Cette échelle est divisée en degrés, et on peut y lire **1°, 2°, 3°, ..., 9°, 10°, 15°, 20°, 30°, 40°, 50°, 60°, 70°.**

L'intervalle à gauche de **1°** est divisé en parties valant chacune **5′**; le premier trait à gauche après l'origine correspond donc à un angle de **35′**;

Les intervalles **1-2, 2-3, 3-4, 4-5,** sont divisés également en parties valant chacune **5′**;

De **5°** à **10°**, chaque degré est divisé en six parties valant chacune **10′**;

De **10°** à **20°**, chaque degré est divisé en trois parties valant chacune **20′**;

De **20°** à **30°**, chaque degré est divisé en deux parties valant chacune **30′**;

De **30°** à **60°**, les divisions vont de **degré en degré**;

De **60°** à **70°**, les divisions vont de **2°** en **2°**;

Enfin, les traits après **70°** permettent de lire **75°, 80°, 90°**.

On peut donc lire approximativement un angle inférieur à **90°**.

La graduation est faite de telle sorte que, les origines de la règle et du tiroir coïncidant, les longueurs comptées sur la règle représentent les *valeurs des sinus des angles* correspondants sur l'échelle S du tiroir.

Pour trouver le sinus d'un angle, on fait donc *coïncider*

les origines de la règle et de l'échelle S du tiroir retourné (on est obligé, pour cela, d'ôter le petit bouton de cuivre). Les angles lus sur l'échelle S ont pour sinus les nombres situés au-dessus, sur la règle.

Les sinus compris dans la première échelle **1-10** du tiroir varient entre **0,01** et **0,1**; ceux situés dans la deuxième échelle varient entre **0,1** et **1**.

Exemples :

$$\left\{\begin{array}{ll} \sin 3^\circ & = 0{,}0523; \\ \sin 4^\circ & = 0{,}0697; \\ \sin 5^\circ 45' & = 0{,}100; \\ \sin 30^\circ & = 0{,}500; \\ \sin 45^\circ & = 0{,}707; \\ \sin 70^\circ & = 0{,}939. \end{array}\right.$$

Ne pas perdre de vue que la règle donne les lignes trigonométriques naturelles, tandis que les tables donnent les logarithmes de ces lignes.

On peut aussi trouver un sinus sans retourner le tiroir, et il est avantageux d'employer ce procédé :

On fait *affleurer* l'angle, lu sur l'échelle S du tiroir, à l'extrémité de l'instrument qu'on retourne ensuite, et le sinus se lit sur le tiroir au-dessous de l'indicateur droit de la règle. Les sinus lus sur la première échelle du tiroir varient entre **0,01** et **0,1**; ceux lus sur la deuxième, entre **0,1** et **1** [1].

[1] Il est bon de vérifier l'exactitude de son instrument. A cet effet, en se rappelant que sin 30° = 0,5, on amène le 5 du tiroir (échelle droite) au-dessous du 10 droit de la règle On retourne l'instrument, et, si la disposition des diverses échelles est parfaite, le trait 30 de l'échelle des sinus doit affleurer exactement à l'extrémité droite de l'instrument. Si, comme dans la figure ci-dessous, le trait 30 se trouvait un peu en dehors, il faudrait lire aussi les angles et les logarithmes légèrement en dehors; dans le cas

Le problème inverse, trouver l'angle correspondant à un sinus donné, se déduit avec facilité en partant de l'une ou l'autre des méthodes précédentes.

Exemples :
- **0,0215** = sin **1°15′**; **0,217** = sin **12°30′**;
- **0,0530** = sin **3°**; **0,425** = sin **25°**;
- **0,0720** = sin **4°10′**; **0,750** = sin **48°**.

De **35′** à **70°**, la Règle à Calcul donne les valeurs des sinus avec une approximation suffisante; en dehors de ces limites, c'est-à-dire pour des angles inférieurs à **35′** ou supérieurs à **70°**, il convient d'opérer d'après les tables trigonométriques.

Pour trouver le cosinus d'un angle, on cherche le sinus de son complément.

ÉCHELLE DES TANGENTES

L'échelle médiane du revers du tiroir permet de trouver les tangentes des angles; elle est marquée d'un T.

contraire, c'est-à-dire si le trait rentrait un peu, il faudrait les lire un peu en dedans, ou mieux encore entailler légèrement et proprement l'extrémité de l'instrument pour que le trait **30** y vienne exactement coïncider.

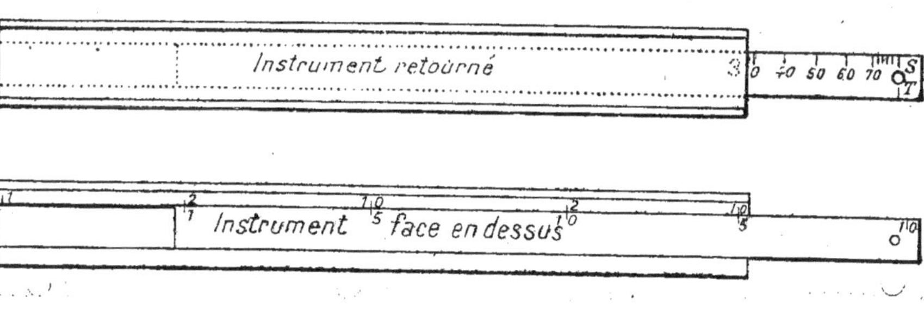

Fig. 52.

Jusqu'à **30°**, la graduation est faite dans les mêmes conditions que celle de l'échelle des sinus.

De **30°** à **45°**, chaque degré est divisé en deux parties valant chacune **30′**.

La graduation ne se prolonge pas au delà de **45°**.

Pour trouver la tangente d'un angle > **45°**, on cherchera la tangente de son complément, et l'inverse du nombre trouvé sera la tangente de l'angle considéré, car la tangente est l'inverse de la cotangente. A cause de cela, il y a avantage à ne pas retourner le tiroir, et à laisser en dessous la face ST.

La tangente d'un angle < **45°** se trouve en faisant affleurer l'angle à l'extrémité droite de l'instrument qu'on retourne ensuite, comme pour le sinus, et la tangente se lit sur le tiroir, au-dessous de l'indicateur droit de la règle.

Si l'angle dépasse **45°**, on fait affleurer l'angle complémentaire. La tangente de ce complément se trouverait sur le tiroir, au-dessous du **10** de droite de la règle, mais il suffit de lire son inverse sur la règle, au-dessus du **1** gauche du tiroir.

Les tangentes lues sur la première échelle **1-10** du tiroir varient entre **0,01** et **0,1**; celles lues sur la deuxième, entre **0,1** et **1**.

Les tangentes des arcs supérieurs à **45°** varient entre **1** et **10** quand elles sont lues sur la première échelle de la règle (leur premier chiffre exprime alors des unités), et entre **10** et **100** quand elles sont lues sur la deuxième (leur premier chiffre exprime alors des dizaines).

Exemples :
$$\begin{cases} \text{tang } 5° = 0{,}087\,; \\ \text{tang } 20° = 0{,}364\,; \\ \text{tang } 75° = \dfrac{1}{\text{tang } 15°} = 3{,}73\,; \\ \text{tang } 86° = \dfrac{1}{\text{tang } 4°} = 14{,}30. \end{cases}$$

Le problème inverse, trouver l'angle correspondant à une tangente donnée, se traite en partant des indications précédentes.

Exemples :
$$\begin{cases} 0{,}0304 = \text{tang } 1°45'\,; \\ 0{,}715 = \text{tang } 35°30'. \end{cases}$$

$$1{,}425 \begin{cases} \ldots\ldots\ldots = \text{tang d'un angle} > 45° \\ \text{son complément a pour tang :} \\ \quad \dfrac{1}{1{,}425} = 0{,}705 \\ \quad 0{,}705 = \text{tang } 35° \\ \quad 1{,}425 = \text{tang}(90° - 35°) = \text{tang } 55° \end{cases}$$ (1)

$$15{,}25 \begin{cases} \ldots\ldots\ldots = \text{tang d'un angle} > 45° \\ \text{son complément a pour tang :} \\ \quad \dfrac{1}{15{,}25} = 0{,}0645 \\ \quad 0{,}0645 = \text{tang } 3°45' \\ \quad 15{,}25 = \text{tang}(90° - 3°45') = \text{tang } 86°15' \end{cases}$$ (2)

(1) En lisant 1 sur l'indicateur gauche du tiroir et 1,425 sur la règle (échelle gauche, parce que $\frac{1}{1{,}425}$ est compris entre 1 et 0,1), l'opération se fait par une seule manœuvre du tiroir.

(2) En lisant 1 sur l'indicateur gauche du tiroir et 15,25 sur la règle (échelle droite, parce que $\frac{1}{15{,}25}$ est compris entre 0,1 et 0,01), l'opération se fait également d'un seul coup.

RÉSOLUTION DE TRIANGLES RECTANGLES

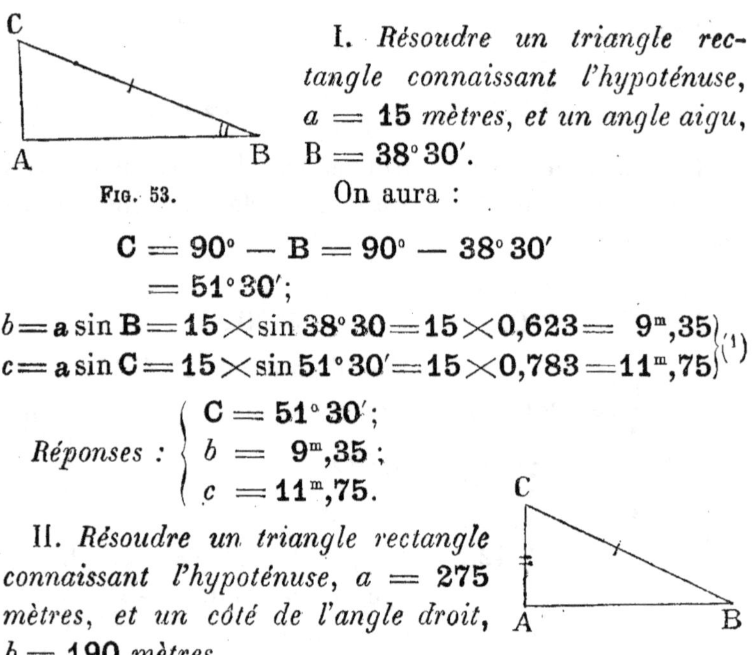

Fig. 53.

I. *Résoudre un triangle rectangle connaissant l'hypoténuse, $a = 15$ mètres, et un angle aigu, $B = 38°30'$.*

On aura :

$$C = 90° - B = 90° - 38°30'$$
$$= 51°30';$$

$$\left.\begin{array}{l} b = a \sin B = 15 \times \sin 38°30 = 15 \times 0{,}623 = 9^m{,}35 \\ c = a \sin C = 15 \times \sin 51°30' = 15 \times 0{,}783 = 11^m{,}75 \end{array}\right\} (1)$$

Réponses : $\left\{\begin{array}{l} C = 51°30'; \\ b = 9^m{,}35; \\ c = 11^m{,}75. \end{array}\right.$

Fig. 54.

II. *Résoudre un triangle rectangle connaissant l'hypoténuse, $a = 275$ mètres, et un côté de l'angle droit, $b = 190$ mètres.*

On a :

$$\sin B = \frac{b}{a} = \frac{190}{275} = 0{,}692 = \sin 43°40' \ (2);$$

$$C = 90° - B = 90° - 43°40' = 46°20';$$

$$c = \sqrt{a^2 - b^2} = \sqrt{(a+b)(a-b)} = \sqrt{465 \times 85} = 199^m \text{ (faible)};$$

(1) Le produit d'un sinus par un nombre se trouve directement et par une simple manœuvre du tiroir; pour cela, faire affleurer l'angle à l'extrémité droite de l'instrument, qu'on retourne ensuite pour lire le produit sur le tiroir, au-dessous du facteur lu sur la règle.

(2) Pour trouver, par une simple manœuvre du tiroir, l'angle correspondant à un sinus exprimé par une fraction, lire le numérateur sur le tiroir,

ou encore :

$$c = a \sin C = 275 \times \sin 46^\circ 20' = 275 \times 0{,}722$$
$$= 199^{m} \text{ (faible).}$$

Réponses : $\begin{cases} C = 46^\circ 20'; \\ B = 43^\circ 40'; \\ c = 199^{m}. \end{cases}$

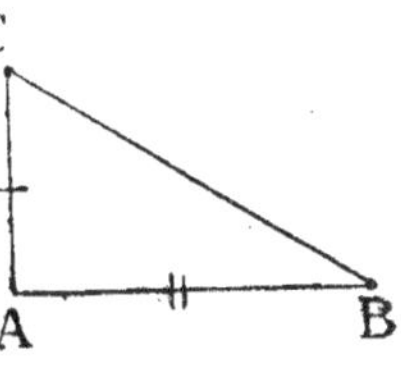

Fig. 55.

III. *Résoudre un triangle rectangle connaissant les deux côtés de l'angle droit, b =* **315** *mètres et c =* **595** *mètres.*

On a :

$$\text{tang } B = \frac{b}{c} = \frac{315}{595} = 0{,}53 = \text{tang } 28^\circ \text{ (1)},$$

$$B = 28^\circ;$$

$$C = 90^\circ - 28^\circ = 62^\circ;$$

$$a = \frac{b}{\sin B} = \frac{315}{\sin 28^\circ} = \frac{315}{0{,}47} = 671^{m} \text{ (2)}.$$

première échelle, et le dénominateur sur la règle, première ou deuxième échelle suivant que la valeur de la fraction est comprise entre 0,1 et 1 ou entre 0,1 et 0,01; retourner l'instrument et lire l'angle, l'extrémité droite servant d'indicateur.

(1) Appliquer le procédé indiqué pour le sinus à la page précédente, et le résultat s'obtiendra par une simple manœuvre du tiroir.

(2) Le quotient d'un nombre par un sinus se trouve directement et par une simple manœuvre du tiroir. Pour cela, faire affleurer l'angle à l'extrémité droite de l'instrument, qu'on retourne ensuite pour lire le résultat sur la règle, au-dessus du nombre lu sur le tiroir. On remarquera que, en procédant ainsi, on fait le *produit* du nombre par l'*inverse* du sinus $\left(\frac{1}{\sin 28} \times 315\right)$.

Réponses : $\begin{cases} B = 28^\circ; \\ C = 62^\circ; \\ a = 671^m. \end{cases}$

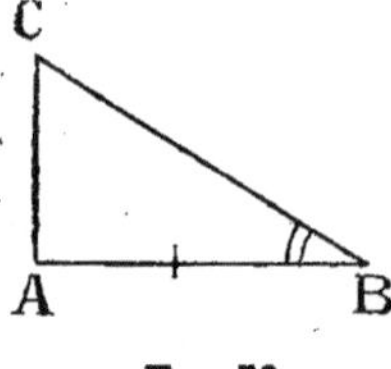

Fig. 56.

IV. *Résoudre un triangle rectangle connaissant un côté de l'angle droit,* c = **23** *mètres, et un angle aigu,* B = **42°30′**.

On a :

$$C = 90^\circ - 42^\circ 30' = 47^\circ 30';$$

$$b = c \operatorname{tang} B = 23 \times \operatorname{tang} 42^\circ 30' = 23 \times 0{,}917 = 21^m{,}1;$$

$$a = \frac{b}{\sin B} = \frac{21{,}10}{\sin 42^\circ 30'} = \frac{21{,}10}{0{,}675} = 31^m{,}2.$$

Réponses : $\begin{cases} C = 47^\circ 30; \\ b = 21^m{,}10; \\ a = 31^m{,}20. \end{cases}$

PROBLÈMES D'APPLICATION

1° *Réduire des pentes métriques en degrés d'inclinaison, et réciproquement.*

Soit à calculer l'inclinaison d'une droite AB qui a une pente de **7** 0/0.

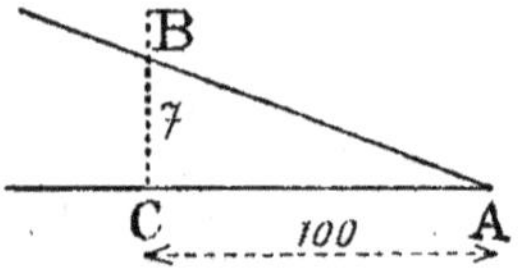

On a :

$$\operatorname{tang} A = \frac{BC}{AC} = \frac{7}{100} = 0{,}07.$$

B
7
C 100 A

Fig. 57.

Plaçons le **7** du tiroir, première échelle, au-dessous du **10** droit de la règle ; retournons l'instrument, et nous lisons :

$$0{,}07 = \operatorname{tang} 4^\circ.$$

On trouverait de même que,

à des pentes de................	**8 0/0,**	**11 0/0,**	**13 0/0,**	**16 0/0,**
correspondent des inclinaisons de.	**4°35′,**	**6°20′,**	**7°30′,**	**9°.**

Réciproquement, soit à trouver la pente métrique d'une droite AB *qui fait avec l'horizontale un angle de* **5°**.

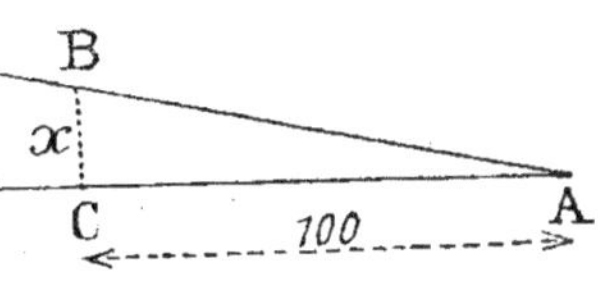

Fig. 58.

De tang $\mathbf{A} = \frac{\mathbf{BC}}{\mathbf{AC}}$ on tire :

$$\mathbf{BC} = \mathbf{AC}\ \text{tang}\ \mathbf{A} = \mathbf{100} \times \text{tang}\ \mathbf{5}°;$$
$$= \mathbf{100} \times \mathbf{0{,}0875};$$
$$= \mathbf{8{,}75}.$$

On trouverait de même que,

à des inclinaisons de.......	**3°,**	**7°,**	**8°,**	**10°,**
correspondent des pentes de.	**5,2 0/0,**	**12,2 0/0,**	**14 0/0,**	**17,8 0/0.**

2° *Tracer deux axes se coupant en un point donné et faisant entre eux un angle donné.*

Soit à mener par le point C de l'axe AB un deuxième axe faisant avec lui un angle de **18°**.

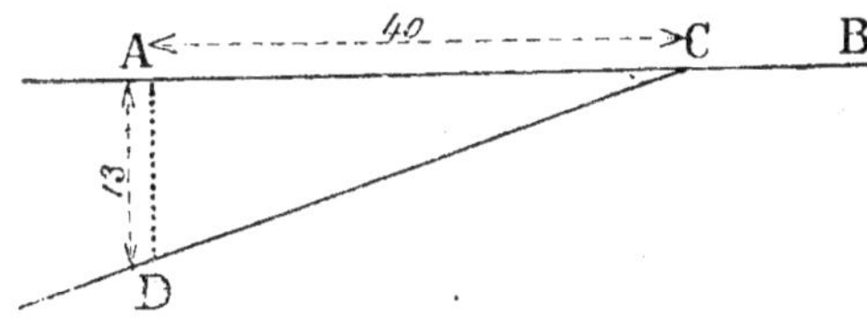

Fig. 59.

Cherchons la valeur de tang 18°, nous trouvons :

$$\text{tang } \mathbf{18^\circ} = \mathbf{0{,}325} = \frac{\mathbf{325}}{\mathbf{1\,000}} = \frac{\mathbf{6{,}5}}{\mathbf{20}} = \frac{\mathbf{13}}{\mathbf{40}} = \frac{\mathbf{26}}{\mathbf{80}}, \text{ etc.}$$

(Voir ci-dessous la figure).

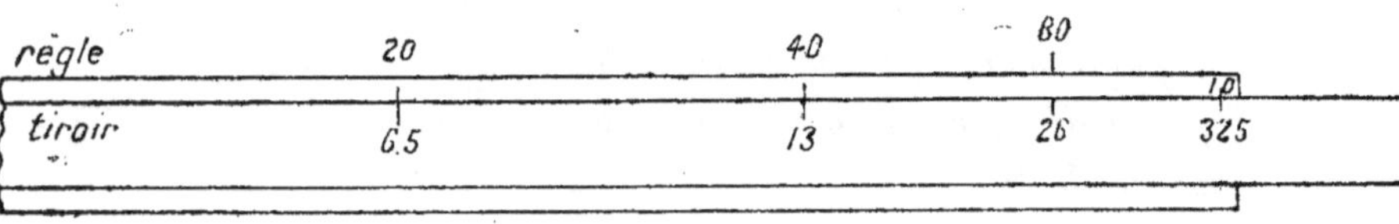

Fig. 60.

De ces diverses fractions, choisissons celle dont les termes nous fournissent les dimensions les plus commodes, $\frac{\mathbf{13}}{\mathbf{40}}$ par exemple; prenons **CA** = **40** millimètres; élevons **AD** = **13** millimètres, et joignons **DC** qui sera l'axe cherché.

3° *On veut faire, à la raboteuse, une queue d'aronde ayant le profil et les cotes ci-dessous; l'outil est monté sur une tourelle graduée; quelle inclinaison faut-il lui donner?*

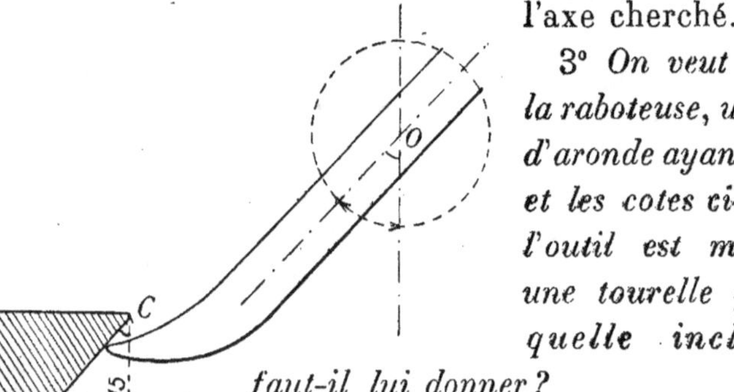

Fig. 61.

On a :

$$\text{tang } \mathbf{O} = \text{tang } \mathbf{C} = \frac{\mathbf{AB}}{\mathbf{AC}} = \frac{\mathbf{13}}{\mathbf{15}}.$$

Plaçons le **13** du tiroir (deuxième échelle) au-dessous du **15** de la règle, retournons l'instrument et nous lirons l'angle à l'échelle des tangentes :

$$\frac{13}{15} = \text{tang } 41°.$$

L'outil devra donc être incliné à **41°**.

4° On veut exécuter sur un tour parallèle le cône **C** *(fig. 62). De quel angle faut-il incliner le chariot ?*

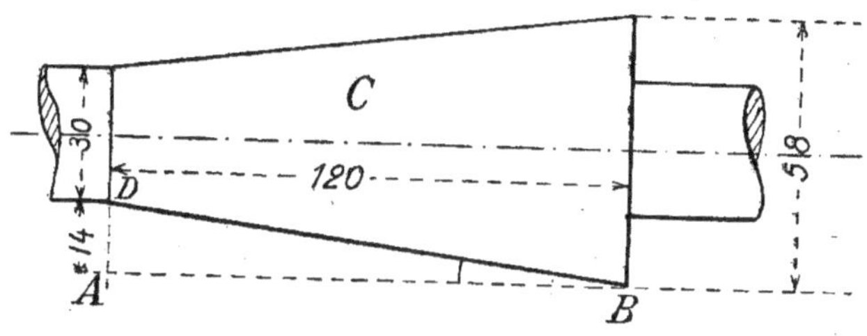

Fig. 62.

Dans sa position normale, le chariot est parallèle à l'axe du tour, c'est-à-dire parallèle à **AB** ; pour l'amener à être parallèle à **BD**, il faudra l'incliner d'un angle égal à **ABD**.

Or, dans le triangle rectangle **DAB**, on a :

$$\text{tang } \mathbf{B} = \frac{\mathbf{DA}}{\mathbf{AB}} = \frac{14}{120} = \text{tang } 6°\,40'.$$

Le chariot devra donc être incliné de **6° 40'**.

CHAPITRE VIII

QUELQUES MOTS SUR LA RÈGLE MANNHEIM

L'approximation obtenue dans les calculs varie avec la longueur de l'instrument employé; c'est pourquoi il se fait des Règles plus longues que celle décrite de **0m,26** : il s'en fait de **0m,36**, de **0m,50**, de **1** mètre et même de **2** mètres.

Mais ces Règles coûtent fort cher, et leur longueur même est un inconvénient. Ce ne sont plus, en effet, des *instruments de poche* dont on puisse partout faire usage : *leur champ d'application est exclusivement le bureau.*

La Règle Mannheim, dont le prix est seulement de 1/3 plus élevé que celui de la Règle ordinaire, *permet*, dans les calculs simples, multiplications et divisions, *d'obtenir une approximation deux fois plus grande qu'avec une Règle ordinaire d'égale longueur.*

Elle diffère de celle-ci en ce que l'échelle inférieure du tiroir est semblable à l'échelle des racines, et qu'elle est munie d'un curseur dont nous verrons plus loin l'utilité.

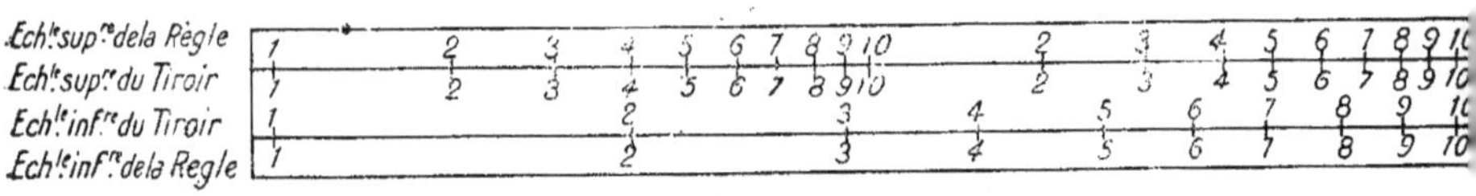

FIG. 63. — Règle Mannheim.

Sur les deux échelles inférieures, les nombres étant représentés par des longueurs doubles, si nous nous servons de ces échelles pour effectuer des opérations simples $\left(a \times b, \frac{a}{b}, \frac{ab}{c}\right)$, nous aurons une approximation deux fois plus grande qu'en nous servant des échelles supérieures.

Mais, comme on le verra, cet avantage important ne va pas sans quelques inconvénients :

1° Soit à calculer **68** × **13**.

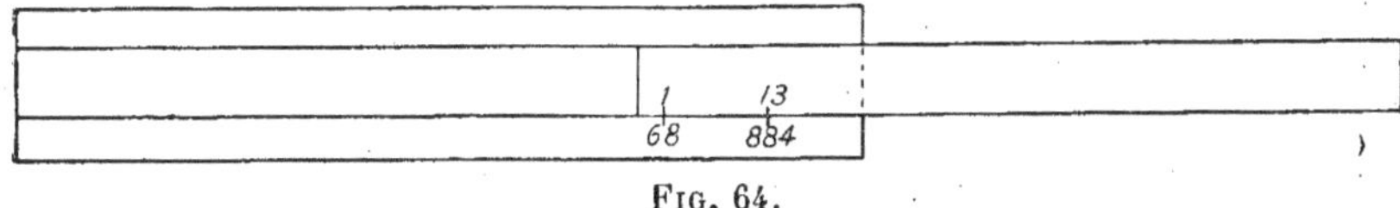

Fig. 64.

Procédons comme l'indique la figure, et nous lirons *très nettement* le produit **884**. (C'est la main droite qui manœuvre le tiroir.)

2° Soit à calculer 68 × 43.

Fig. 65.

En procédant comme l'indique la figure, nous lisons aussi *très nettement* les trois premiers chiffres, **292**, du produit, et, en faisant mentalement le produit **8** × **3**, nous assurons le dernier qui est **4**. Le produit de **68** × **43** est donc **2924**.

Mais pour faire cette opération, nous sommes obligés de manœuvrer le tiroir de la main gauche, et il faudra procéder ainsi toutes les fois que la somme des longueurs des facteurs dépassera la longueur totale de l'échelle **1-10**, c'est-à-dire toutes les fois que le nombre de chiffres du produit sera égal à la somme des chiffres des facteurs. Comme il n'est pas toujours possible de le reconnaître d'avance d'une façon certaine, l'opérateur sera parfois obligé de tâtonner.

Ainsi, pour effectuer le produit **68** × **14**, il devra

manœuvrer *à droite*, tandis que pour effectuer le produit **68 × 15**, il devra manœuvrer *à gauche*.

Cet inconvénient est grand, et il rebute parfois l'opérateur au point que *la plupart de ceux qui possèdent des Règles Mannheim ne font à peu près jamais usage des échelles inférieures, et, dans les calculs simples, se servent régulièrement des échelles supérieures*. Ils renoncent ainsi volontairement au seul avantage, *sérieux pourtant*, que présente la Règle Mannheim.

3° Soit à calculer $\frac{68}{87}$.

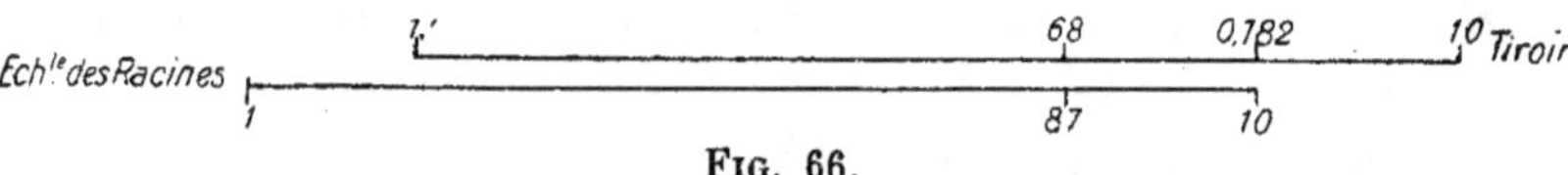

Fig. 66.

En suivant les indications de la figure, nous déterminons d'une façon *très nette* le quotient **0,782** (manœuvre *à droite* toutes les fois que la longueur du dividende est plus petite que celle du diviseur).

4° Soit à calculer $\frac{68}{45}$.

Fig. 67.

Procédons comme l'indique la figure, et nous déterminerons *très nettement* encore le quotient **1,511** (1) (manœuvre *à gauche* toutes les fois que la longueur du dividende est supérieure à celle du diviseur) (2).

(1) Si nous répétons cette opération avec les échelles supérieures, nous lirons bien le quotient 1,51 (fort), mais la détermination du quatrième chiffre nous sera impossible.

(2) L'emploi de la Règle à Calcul n'est avantageux *qu'à condition d'opérer à coup sûr*. Pour y arriver, il importe de procéder méthodiquement d'abord, et machinalement ensuite lorsqu'on s'est assimilé la méthode. C'est pourquoi nous ne croyons pas devoir recommander un procédé qui

5° Soit à calculer $\frac{29 \times 68}{45}$.

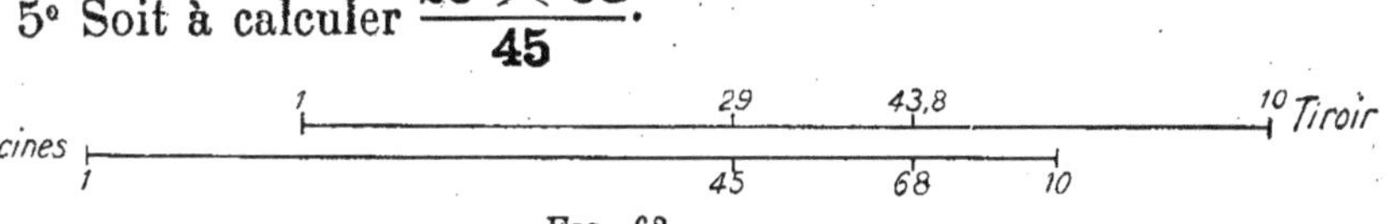

FIG. 68.

En procédant comme l'indique la figure (manœuvre à droite), nous trouvons le résultat **43,8**.

Si nous avions à effectuer $\frac{83 \times 29}{45}$,

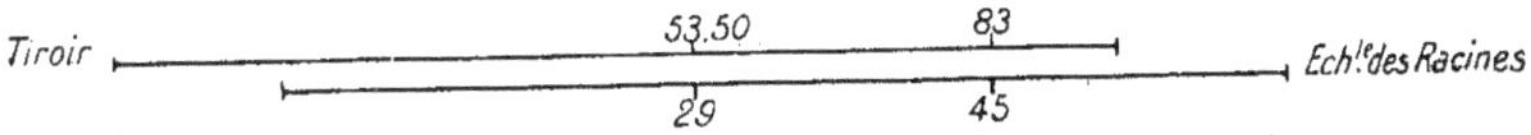

FIG. 69.

nous devrions (*fig*. 69) manœuvrer *à gauche*, ce que nous pouvons éviter en effectuant $\frac{29 \times 83}{45}$ (*fig*. 70).

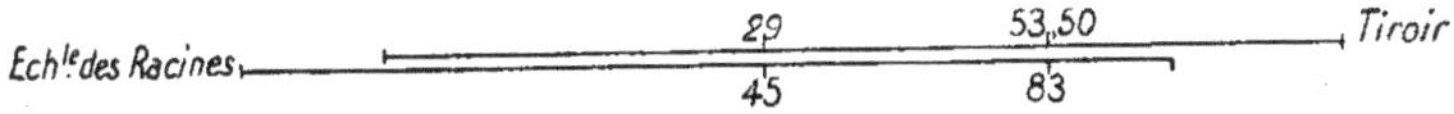

FIG. 70.

6° Soit effectuer $\frac{68 \times 76}{45}$.

En opérant comme précédemment, nous constatons (*fig*. 71) que le deuxième facteur **76** sur l'échelle des

FIG. 71.

racines tombe en dehors du tiroir, et nous nous trouvons dans l'impossibilité d'obtenir la réponse avec les échelles

supprimerait dans ce cas la manœuvre à gauche, et qui consiste à lire le diviseur sur le tiroir, et le dividende sur l'échelle des racines. Cette manière d'opérer n'est pas *naturelle*, et l'opérateur risquerait de commettre des erreurs.

inférieures. Cette impossibilité pourra se présenter *lorsque la longueur du diviseur ne sera pas comprise entre les longueurs des deux facteurs* (ce qui se reconnaît à l'aspect même des nombres). Il faut alors se servir des échelles supérieures, et opérer comme on l'a vu avec la Règle ordinaire.

7° Soit à calculer $x = \frac{0,68^2 \times 12,7}{45}$.

Dans un calcul de ce genre, l'avantage de la Règle Mannheim disparaît, et, pour trouver x, il faut procéder comme nous avons appris à le faire avec la Règle ordinaire, c'est-à-dire comme l'indique la figure 72.

Mais ne pouvant nous servir de l'échelle inférieure du

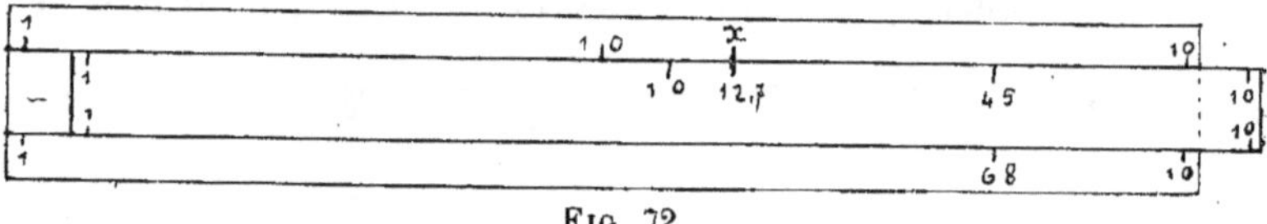

Fig. 72.

tiroir, il nous serait difficile d'amener le **45** du tiroir (échelle supérieure) *exactement* au-dessus du **68** de l'échelle des racines, et c'est là que le « *curseur* » devient nécessaire.

Ce curseur est en quelque sorte un châssis vitré qui peut courir le long de la Règle, et dont la vitre porte une « *ligne de foi* » perpendiculaire à l'axe de la Règle.

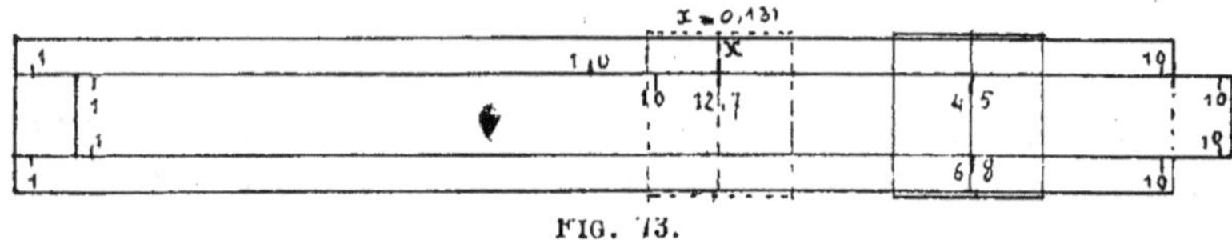

Fig. 73.

Nous amènerons donc, comme l'indique ci-dessus la figure 73, la ligne de foi du curseur en coïncidence avec le **68** de l'échelle des racines, puis le **45** du tiroir en coïncidence avec la ligne de foi, et nous trouverons le résultat, $x = \mathbf{0{,}131}$ (pour faciliter la lecture du résultat, nous pouvons amener la ligne de foi du curseur en coïncidence avec le **12,7** du tiroir).

8° Soit à calculer : $x = \sqrt{\frac{72}{43}}$ et $x' = \sqrt{\frac{1185}{43}}$.

(Comparer avec les mêmes opérations à la Règle ordinaire, page 37.)

En suivant les indications données par les figures 74 et 75, nous trouvons : $x = \mathbf{1{,}293}$ et $x' = \mathbf{5{,}25}$.

Fig. 74.

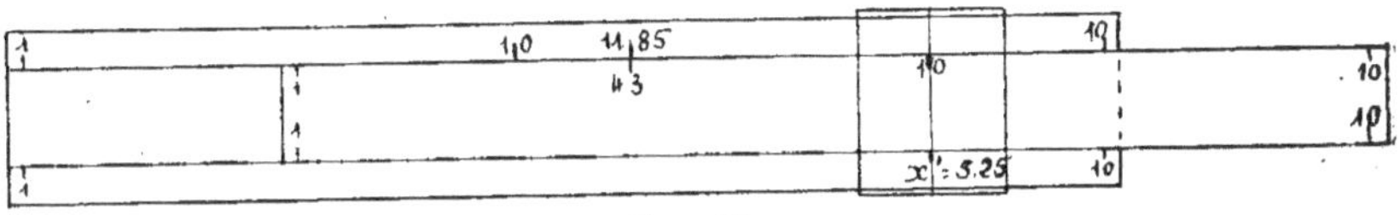

Fig. 75.

9° Soit à calculer $x = \sqrt{\frac{24 \times 37}{53}}$ et $x' = \sqrt{\frac{550 \times 38}{24}}$.

(Comparer avec les mêmes opérations à la Règle ordinaire, pages 37, 38 et 39.)

Fig. 76.

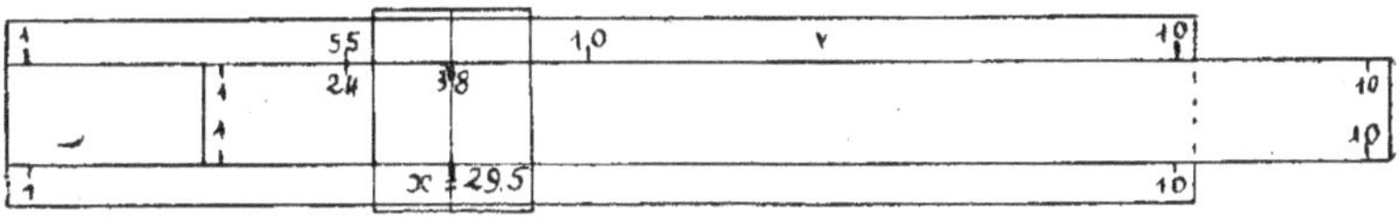

Fig. 77.

Procédons comme l'indiquent les figures 76 et 77, nous trouvons : $x = 4{,}09$ et $x' = 29{,}5$.

En résumé, dans les opérations simples que 28×17, $\frac{28}{17}$, $\frac{28 \times 17}{19}$, la Règle Mannheim donne une approximation deux fois plus grande qu'avec la Règle ordinaire, *à condition d'effectuer ces opérations avec les échelles inférieures ;* mais elle oblige alors l'opérateur à manœuvrer le tiroir tantôt avec la main droite, tantôt avec la main gauche. Dans les opérations renfermant des puissances ou des racines, l'approximation reste la même, et l'emploi du curseur est indispensable.

Le curseur est d'une grande commodité quand il s'agit de lire un résultat, ou d'amener en coïncidence des nombres difficiles à lire ; par contre il allonge les opérations puisqu'on a deux pièces à manœuvrer au lieu d'une.

Pour ces raisons nous estimons que :

1° La Règle Mannheim est avant tout *un instrument de bureau ;*

2° A l'Atelier et sur le Chantier où, en plein travail, il importe d'opérer rapidement *et à coup sûr, c'est la Règle à Calcul ordinaire qui rend le plus de services.*

La Règle Mannheim est en quelque sorte une plante de serre, qui demande à vivre dans un milieu approprié ;

La Règle à Calcul ordinaire est une plante de grand air, s'acclimatant partout, et trouvant partout son emploi.

Tours. — Imp. Deslis Frères et Cie, 6, rue Gambetta.

www.ingramcontent.com/pod-product-compliance
Lightning Source LLC
LaVergne TN
LVHW050424160826
845677LV00002BA/526

* 9 7 8 2 3 2 9 6 9 5 9 4 5 *